[日] 木下杢太郎 著

きのしたもくたろう
百花谱

CNS 湖南人民出版社

编者手记

《百花谱》是日本学者木下杢太郎的植物花卉手绘作品精选。该手绘稿数量很大且芜杂繁冗，在日本也出版过多个版本。本次出版依据1980年代岩波书店版本，对图片进行了整理修复，增加了中文说明，便于读者了解绘稿中植物花卉的相关知识。

木下杢太郎多才多艺，兼具诗人、剧作家、学者、美术家以及医生等不同角色为一身，是明治末南蛮文学的创始人，在日本有“和魂洋才”之誉。

木下杢太郎的百花谱题材与中国传统美术的百花谱内容有所差别。木下杢太郎的《百花谱》是他旅行、工作中手绘的花卉和其他植物，绘在信纸上，铅笔线描后上色，画法注重写实，熟悉花卉的人一眼可识别所画为何物；同时也具有一定的艺术价值。部分图片使用了日本汉字。多数作品在日本完成，少数作品是作者旅行中国期间完成的。

所画题材以花卉为主，也有苔藓松柏瓜果。有一些花卉在中日古籍中均有记载，比如红蓼，也体现了文化传播的痕迹。全部植物为作者亲眼所见的亚洲植物，个别如日本山茶、日本野桐、业平竹、三菱果树参、日本槭、宫城野萩、花菖蒲、日本黑莓等是日本特有而其他地区鲜见物种。

作者所选的花卉植物，有一部分在日本有特殊寓意，在中文说明中已经提及，便于读者掌握花卉背后的文化符号意义。如晚樱草、花菖蒲、日本山茶、紫阳花等。

名曰“百花”，实则101种植物，第65幅图（P.131）出现了三种植物，第62（P.125）和第76幅（P.153）图片为日本黑莓的不同生长时期。第77幅（P.155）图片，应为二球悬铃木，日本枫一般指槭属植物，此处绘者将枫与二球悬铃木混淆；第79幅（P.159）图结缕草，原绘图标注“芝”，源于日语铺草坪说芝を植える，剪草坪说芝を刈り込む。此物种非芝。请读者知悉。

是为记。

目录

沈丁花

沈丁花。瑞香科，瑞香属。又名千里香、金边瑞香、瑞香、睡香、露甲、风流树、蓬莱花。常绿小灌木。叶片边缘淡黄色，中部绿色。1784年《日本植物志》发表本种时，记载日本为原产地。有些植物分类学家根据原著者先到中国广州，后去日本，认为其原产地应在中国。中国和日本均广为栽培，少有野生。根、茎、叶、花均可入药。性甘无毒，具有清热解毒、消炎去肿、活血化瘀之功效。以“色、香、姿、韵”四绝著称于世。果实红色。花期3—5月，果期7—8月。

Daphne odora, Thumb.

沈丁花

春まだ暖かならず、丁子花既に開く。三更風斂より、忽然として室に芳香有り。

昭和十八年三月十五

垂丝海棠

垂丝海棠。蔷薇科，苹果属。又名有肠花、思乡草。落叶小乔木，高可达5m。枝开展，幼时紫色。叶卵形或狭卵形，长4～8cm，基部楔形或近圆形，锯齿细钝，叶质较厚硬，叶色暗绿而有光泽；叶柄常紫红色。花鲜玫瑰红色，萼片深紫色，先端钝，花梗细长下垂，4～7朵簇生小枝端。果倒卵形，径6～8cm，紫色。3—4月开花；9—10月果熟。垂丝海棠有象征离情别绪之意，又因唐玄宗曾将杨贵妃称之为会说话的垂丝海棠，所以这种花又被用来比喻为善解人意的美女。

是れは庭の花では
ない。瓶に挿はれ
ゐる中のものである。
盛りを過ぎて花は
まだ散つてゐない。
今日は朝から甲
馬吉林から送つ
てきた十九世紀佛
國繪畫史の校
合に暮らした。

昭和十八年三月
廿一日、日曜
そして春季
皇靈祭の日

日本山茶

日本山茶。山茶科，山茶属。又称椿花、“侘助”，因为当年丰臣秀吉进攻朝鲜时，由侘助将椿花品种从朝鲜带至日本本土，故而得名。叶倒卵形或椭圆形，花单生于叶腋或枝顶，大红色，栽培品种有白、淡红等色，且多重瓣，顶端有凹缺。在日本，椿花与樱花齐名，被誉为日本的“圣花”。在京都洛东法然院内，还保存有“椿花落了，春日为之动荡”的俳句石刻。山茶花落之时，一树山茶亦随之凋败，故又名“落椿”，被日本人视为武士之魂。

昭和癸未仲月十

棣棠

棣棠。蔷薇科，棣棠花属。日语名“山吹”。株高1~3m，茎柔软弯曲，常与其他植物或是岩石群凌乱地交错生长。单叶互生，长4~7cm，叶缘具锋利的锯齿。花鲜黄色，5瓣，成熟果实为只包含一颗种子的干燥瘦果，长5mm。棣棠花有单瓣及重瓣两种。要注意的是，棠棣与棣棠应区分开，实为两种不同的花。

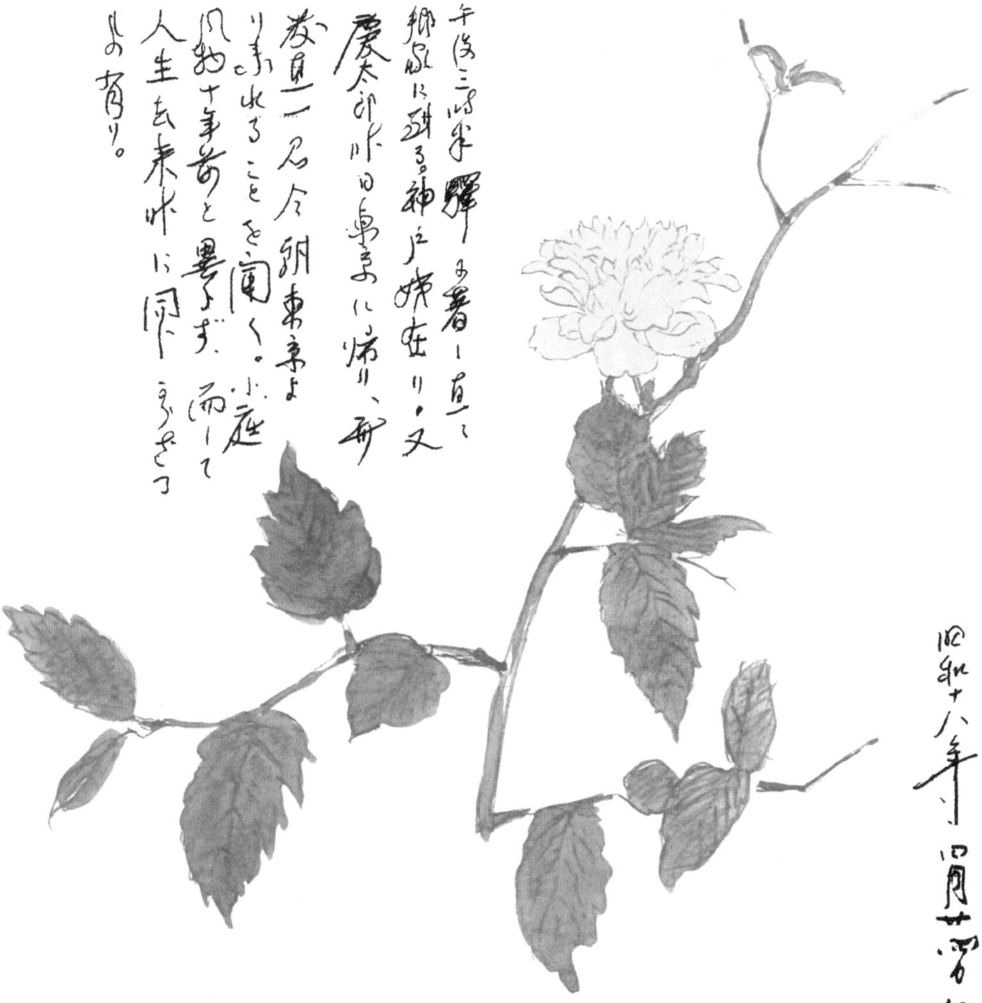
午後三時半驛に着し直ちに
郷家に到る。神戸姉在り。又
慶太郎昨日東京に帰り、新
教員一名今朝東京よ
り来れることを聞く。小庭
風物十年前と異ならず、而して
人生去来昨に同じからざる
もの有り。
昭和十八年十一月廿四日伊東

花韭

花韭。石蒜科，紫星花属。又称春星韭。原产阿根廷。叶子形态、气味，与韭菜类似，因得其名。秋播，叶片扁平，株高15～20cm，春季开花，花期3—6月。花韭极为耐寒、耐旱，花朵精致，皮实，易生球，不易结籽。花色有白、黄、粉蓝、淡蓝紫等，部分颜色偏紫红。花味清香。一茎一花。喜阳光。区别于秋季开花的韭兰（有毒）。

ハナニラ

昭和十八年四月廿九日
天長節祝賀式了りての後
高橋教授、赤川助教と
倶に多摩なる
土肥先生の墳塋に
詣づ。午後三時家に
帰り庭の此花をつみ
て写せり

早熟禾

早熟禾。禾本科，早熟禾属。又名稍草、小青草、小鸡草、冷草、绒球草。一年生或冬性禾草植物。秆或直或斜，柔软，高可达30cm，顺滑无毛。叶鞘微扁，叶片扁平或对折，柔软，常见横脉纹，顶端尖锐，呈船形，边缘比较粗糙。圆锥花序，宽卵形，小穗呈卵形，含小花，绿色；颖质地较薄，外稃呈卵圆形，上部与边缘宽膜质，花药黄色，颖果呈纺锤形，花期4—5月，果期6—7月。该种常被用作草坪栽培，再生力强，能拒杂草，具有较高的绿化价值。

Poa
annua, L.

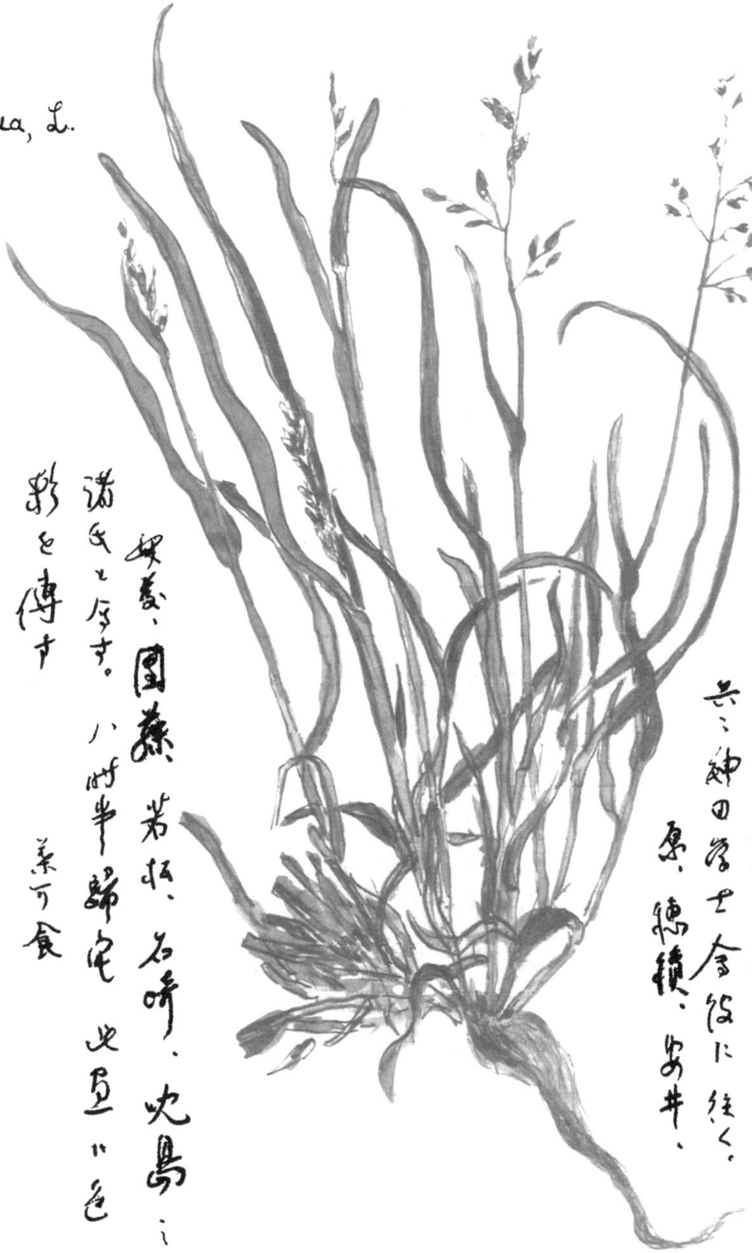

昭和十八年四月廿九日すゞめのかたびらの一株を
病患り之を写す。五時勝本正晃の女西氏
ヲ嫁したる婚披露の式ヲ執り行ふ
共ニ神田学士会館に往く。
原、穂積、安井、
安藤、團藤、若杉、石崎、吹島、ゝ
諸氏と会す。八時半帰宅 此夏ハ色
彩を傳す

菜可食

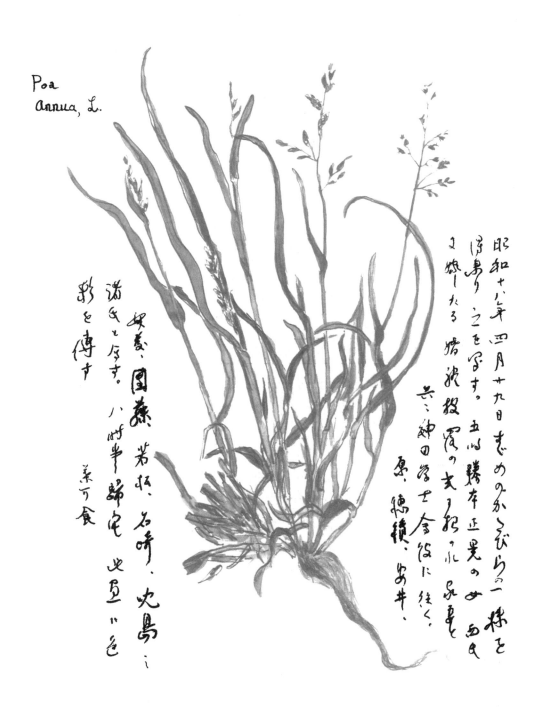

香根芹

香根芹。伞形科，香根芹属。多年生草本植物，高25～70cm。主根圆锥形，长2～5cm，气味香。茎圆柱形，有分枝，草绿色或略带紫红色，初有毛，长成后光滑。花瓣倒卵圆形，顶部有内曲舌片；花丝短于花瓣；花柱比花柱基略长；子房覆有白而扁的软毛。果实为线形或棍棒状；有分生果。花果期5—7月。可入药，具有散寒发表、止痛明目之功效。

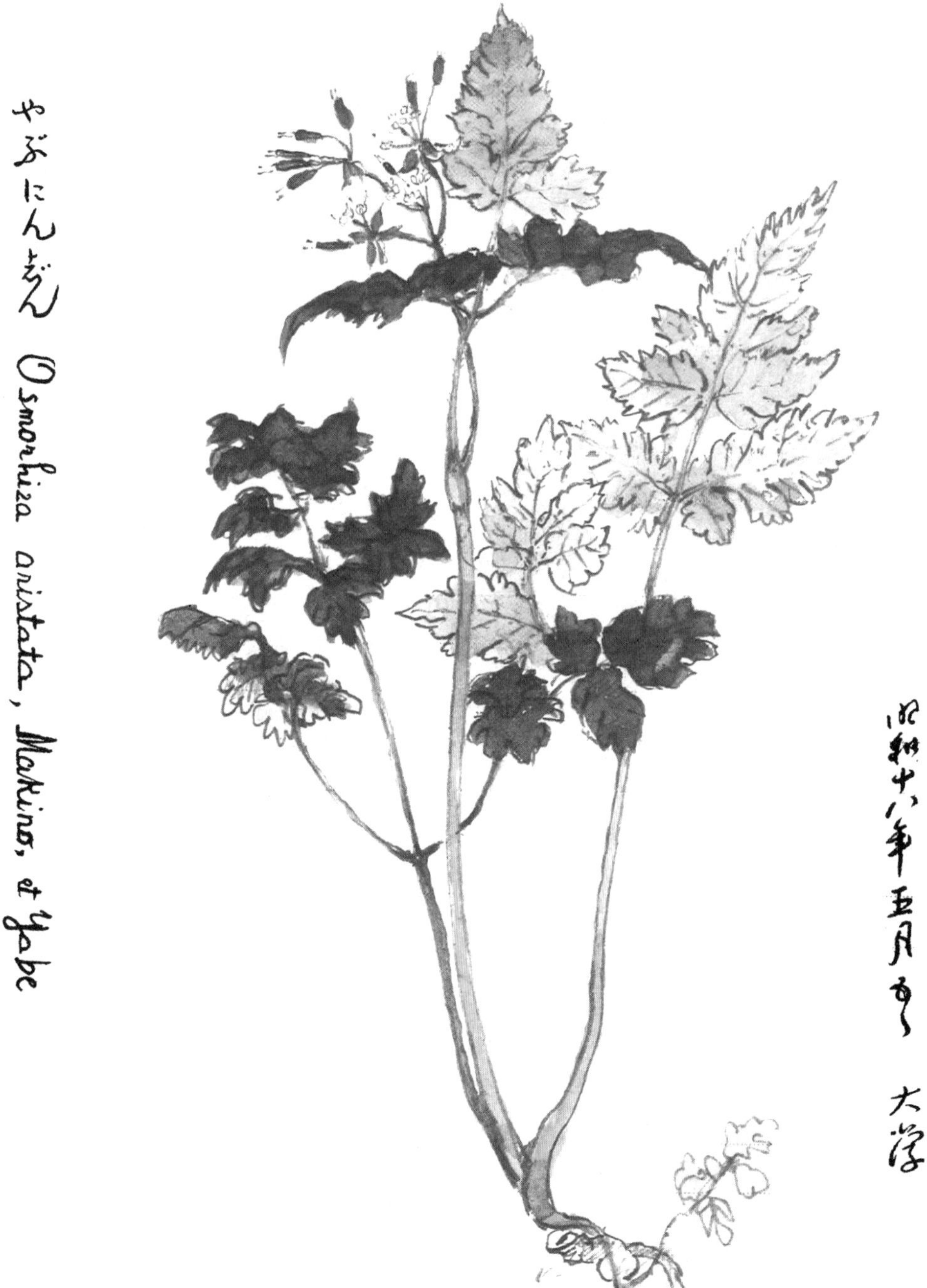
やぶにんじん Osmorhiza aristata, Makino, et Yabe
昭和十八年五月
大学

牡丹

牡丹。芍药科，芍药属。又名鼠姑、鹿韭、白茸、木芍药、百雨金、洛阳花、富贵花。茎高可达2m，分枝粗短。叶多为复叶，叶正面绿色，无毛，背面淡绿色，或有白粉，叶柄和叶轴均无毛。花长枝顶，单生，苞片5片，长椭圆形；萼片5片，绿色，宽卵形；花瓣5瓣，常有重瓣，倒卵形，顶端为不规则波浪状；花色为玫瑰色、红紫色、粉红色至白色；花药长圆形；花盘革质，杯状，紫红色。花期5月，果期6月。牡丹素有“花中之王”的美誉。在清末曾被当作中国的国花。历朝历代文人骚客莫不对之歌咏有加。

昭和十八年五月八

铁线莲

铁线莲。毛茛科，铁线莲属。又名铁线牡丹、番莲、金包银、山木通、番莲、威灵仙。多为草质藤本，长1～2m。茎棕色或紫红色，有6条纵纹。叶片为复叶或单叶，常对生。花单生，圆锥花序，萼片大，花瓣状，花色一般为白色，也有蓝色、紫色、粉红色等，味芳香。花期6—9月。果期夏季。铁线莲的园艺品种很多，素有“藤本花卉皇后”之誉。铁线莲善攀爬，茎可缘壁而上，具有较高观赏价值。同时，它还有较高药用价值，具利尿通便、活血止痛之功效。

てっせん

花裕園
昭和十八年
五月九

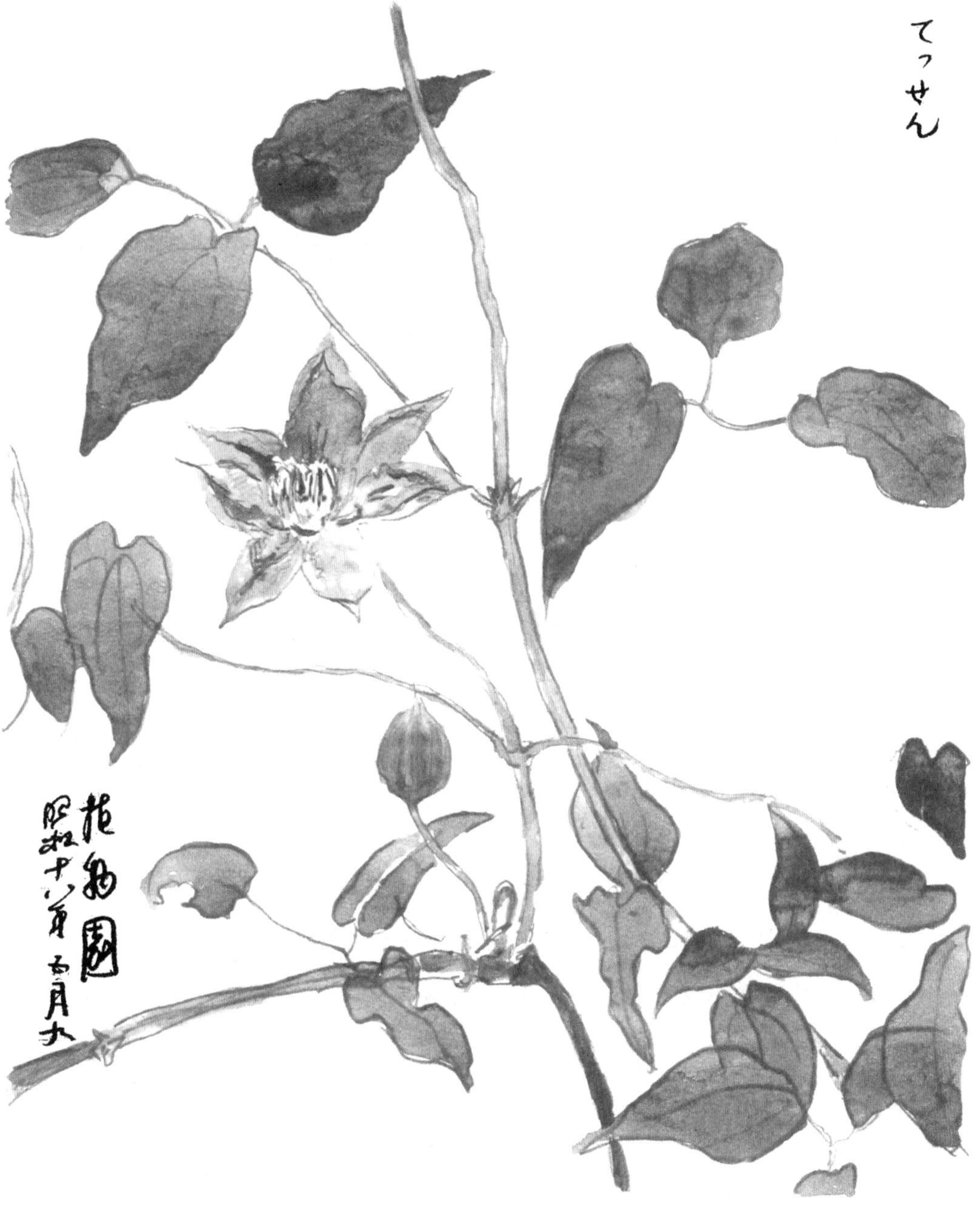

灯台树

灯台树。山茱萸科，灯台树属。又名六角树。落叶乔木，高6～15m，有些可达20m。皮表光滑，暗灰色或黄灰色；花梗淡绿色，长3～6mm，疏披短柔毛；核果球形，直径6～7mm，成熟时紫红色至蓝黑色；果梗长2.5～4.5mm，无毛。花期5—6月，果期7—8月。果实可以榨油；树冠形状美观，夏季花序明显。喜温及半阴环境，耐寒、耐热、适应性强，生长速度快。树姿美丽独特，叶秀花雅，堪称园林绿化的珍品。

國會例會ニ出ツ
千石五峠國民會所
昭和十八年三月十
傳朗
みづき

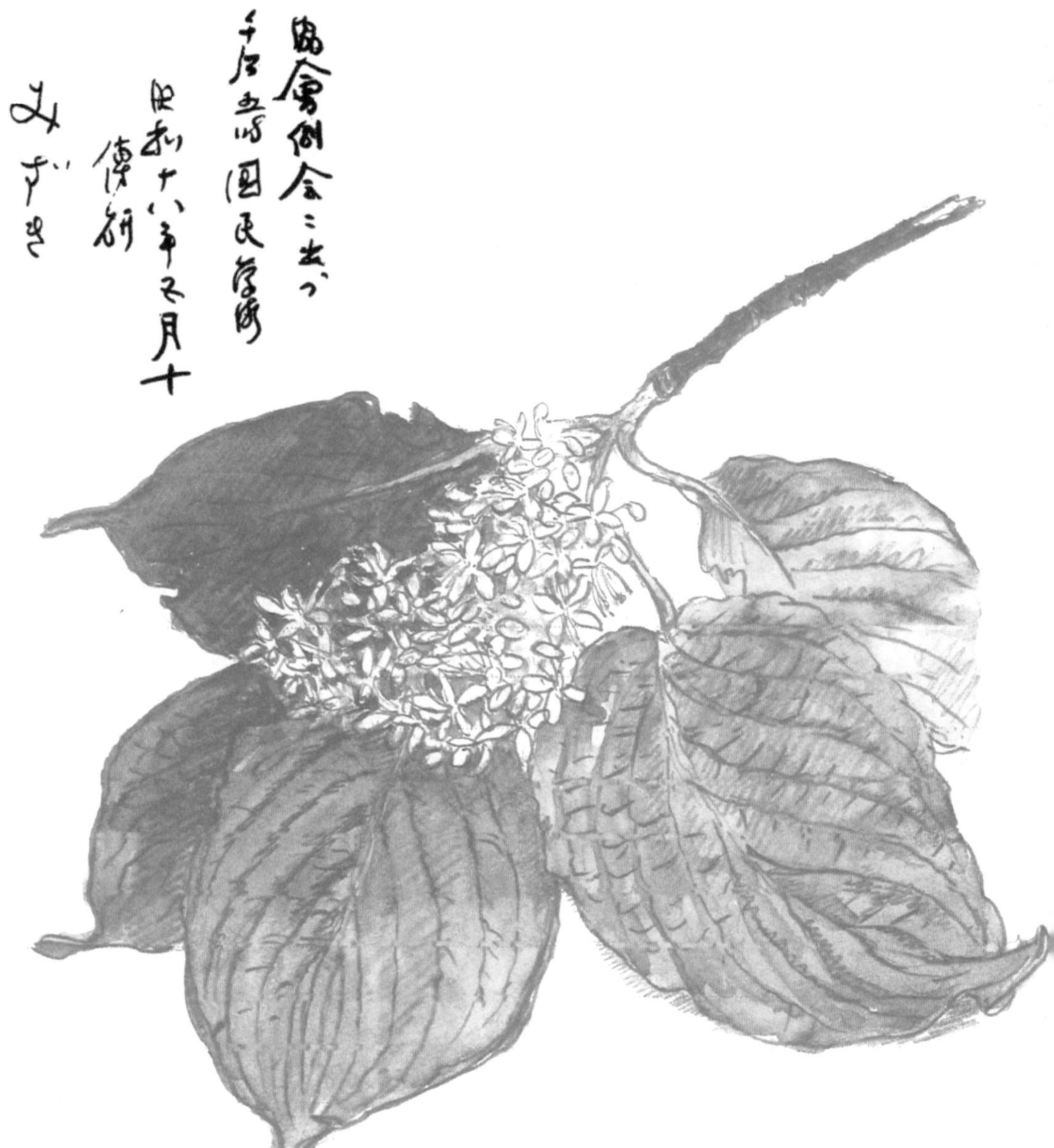

破子草

破子草。伞形科，窃衣属，一年生或多年生草本，高30～75cm，茎直多枝。生长于海拔150～3,060m地区，常见于杂木林下、路旁、河沟边或溪边草丛。4月开花结果，至6月初枯萎。萼齿三角状披针形。花瓣倒心形。双悬果长椭圆形，悬果瓣呈半长椭圆形，长约4mm，宽约1.2mm。花期5—7月，果期7—8月。可入药，主治皮癣、疥疮。

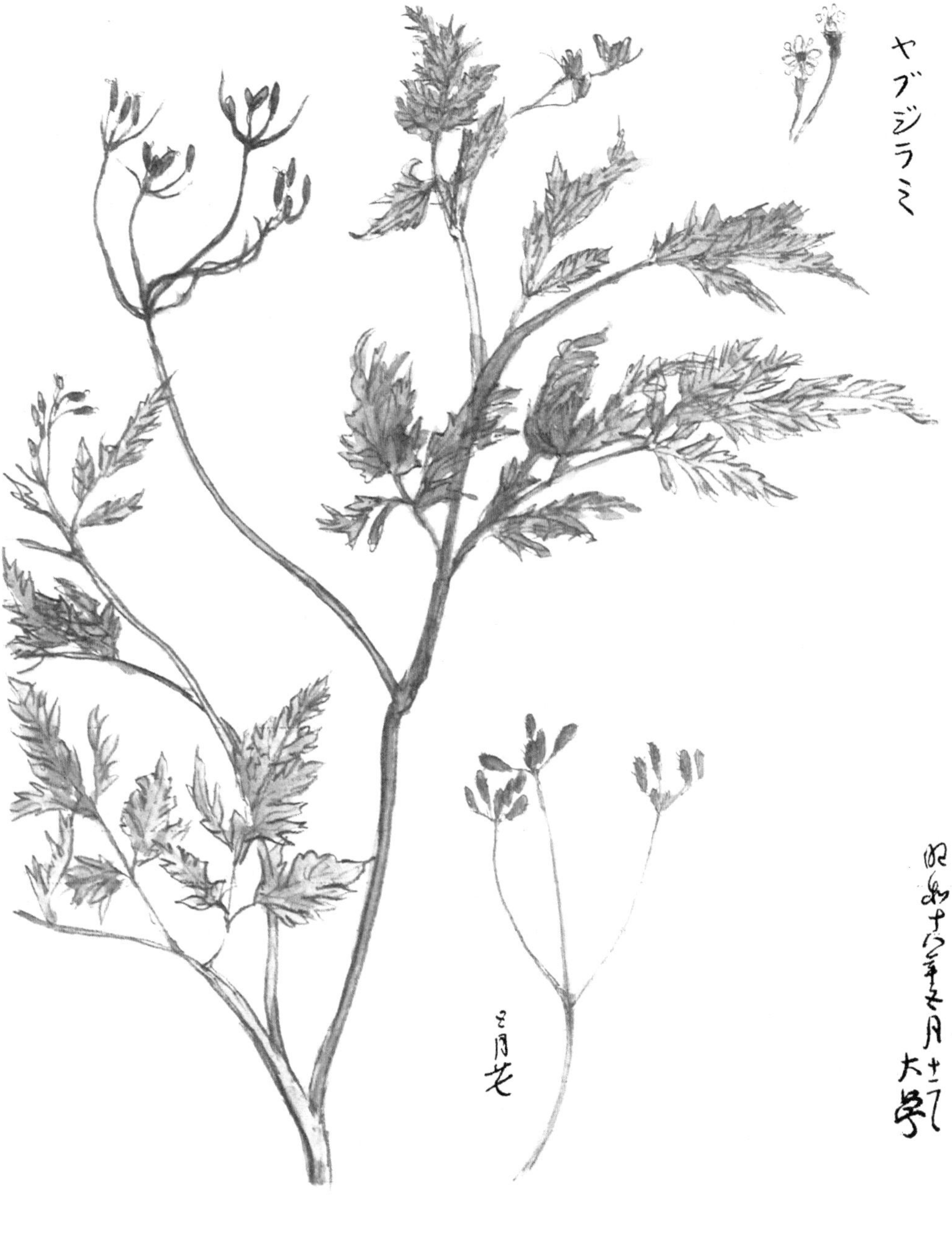
ヤブジラミ
七月花
昭和十六年七月十二
大學

日本野桐

日本野桐。大戟科，野桐属，又名白匏仔、帽顶、楸、赤芽楸。半落叶小乔木，高可达10m，树皮光滑；小枝直立或上斜，细长，有淡褐色星状绒毛。嫩叶与芽密生红褐色绒毛，叶互生，卵形或阔卵形，末端成尾状。花小，多数，雌雄异株，呈顶生的复穗状花序。花期4—6月，果期7—8月。种子含油量达38%，可做工业原料；树皮及枝叶可以敷治恶疮，有拔脓生肌的效果。

大本営の發表に曰ふ。五月十二日
有力なる米軍部隊はアリューシャン
列島の「アッツ」島に上陸を開始せり、
同島守備の我が部隊はこれを
邀擊し、目下激戰中なり。

アカメガシハ

昭和十八年 七月十四日

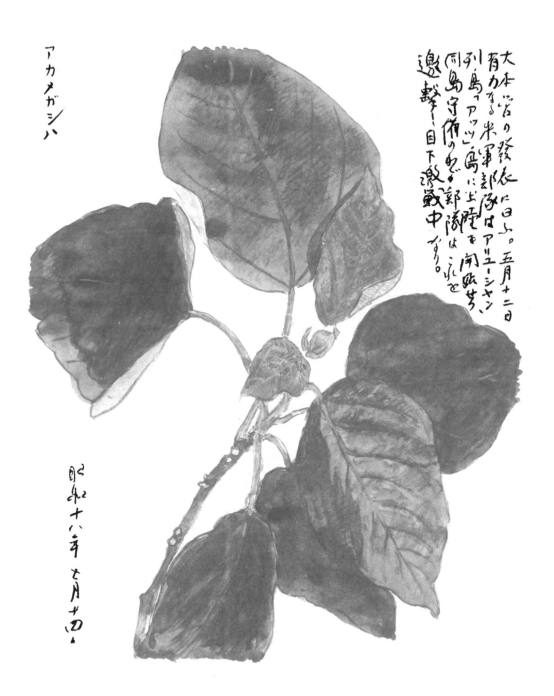

打碗花

打碗花。旋花科，打碗花属。又名兔儿苗、扶七秧子、小旋花等。叶互生，具长柄，茎上部的叶三角状戟形，基部两侧有分裂；夏秋间开花，花单生于叶腋，两枚卵圆形苞片紧贴花萼，长圆形宿存萼片，淡粉红色漏斗形花冠；蒴果。打碗花分布于东非埃塞俄比亚，亚洲南部、东部，多生长于农田、旷野、荒地及路旁。根状茎富含淀粉，可供酿酒、制饴糖；花及根状茎可入药，花止痛，根状茎能调经活血、健脾益气。

昭和十六年五月十五日

青绿薹草

青绿薹草。莎草科，薹草属。又名青菅、过路青、四季青。分布在日本、缅甸、俄罗斯、朝鲜、中国等地，生长于海拔470～2,300m地区，多生于路旁、山坡草地以及山谷沟边。叶量大且密，形态美观。具有四季常青，耐修剪、耐践踏，种源丰富，栽种简便的特点，可作为城镇常绿草坪和花坛植物。花果期3—6月。

昭和十八年五月廿日

海桐花

海桐花。海桐科，海桐花属。别名海桐、山矾、七里香、宝珠香、山瑞香。常绿小乔木或灌木，最高可达6米。倒卵状长椭圆形且较厚的叶子，有光泽；花期5月，开芬芳的白色五瓣花，花聚集小枝顶上成伞形，后来花变黄色；果熟期在10月，卵形蒴果，成熟后果实三裂。原产于日本、韩国、中国，生长于林下或沟边，常被栽植于路旁。根可以祛风活血；叶可以解毒止血；种子可以涩肠固精。

とべら
昭和十八年8月廿二日写花葉
九月十六日画
果實

海桐花果实

海桐花果实。海桐花果实为蒴果，径约1.5cm，三棱状球形，顶端锐尖，熟后为橙色，蒴果开裂露出鲜红色种子；种子8~15粒，具棱角。

とべらノ實

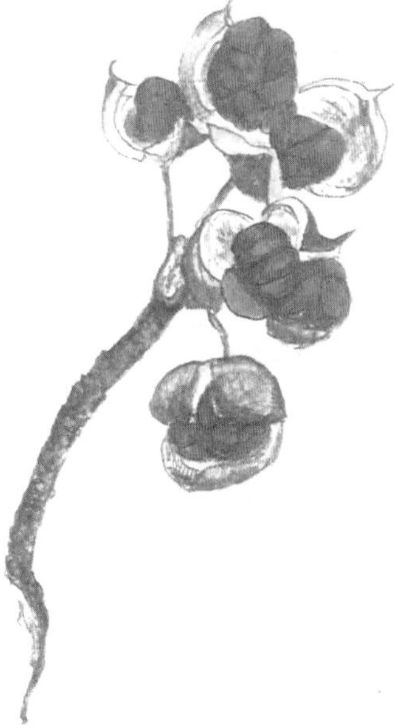

昭和十八年十月廿三日

业平竹

业平竹。禾本科，业平竹属。原产于日本。因为它与日本历史上著名的美男子“在原业平”一样挺拔、俊朗，故得其名。株高5~10m，直径1~4cm，竹色呈绿色至浅紫色，叶片宽10~15cm，叶形呈窄披针状，无毛，坚硬。它是一种中型竹子，由于茎细，节间长，枝短且易于照料而被作为花园植物。

行平竹
雌竹に似て實は雄竹なるを
しやれてもか名付しるなりと云ふ
昭和十八年 五月廿三日（日曜日）

三菱果树参

三菱果树参。五加科，树参属。原产于日本。常绿乔木。夏季开黄绿色小花。花开后，绿色果实聚集于树枝，冬天成熟。树高9~15m；叶长5~12cm。叶形生长时为3裂状，成熟后则变成椭圆倒卵形。花期为6—8月。花色为黄绿色，花瓣为5瓣。果实呈扁圆状，果实直径约1cm，初为绿色，成熟后变黑色。可作为公园绿化树。

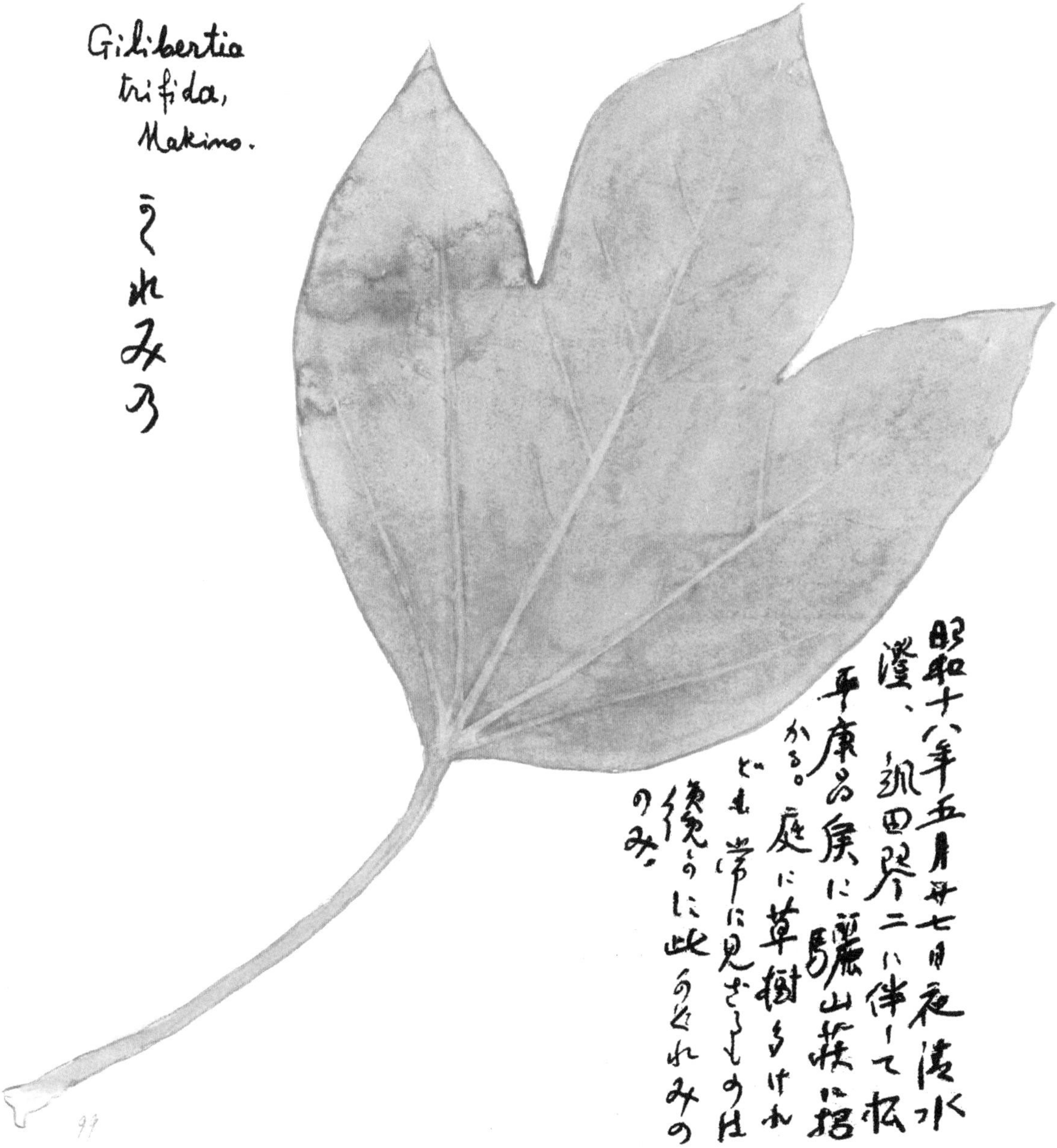

Gilibertia trifida, Makino.

かくれみの

昭和十八年五月廿七日夜清水澄、飯田琴二ハ伴ひて松平康昌氏に驪山荘に招かる。庭に草樹多けれども常に見ざるものは傍らに此かくれみののみ。

西洋莓

西洋莓。蔷薇科，悬钩子属。又名覆盆子、绒毛悬钩子、覆盆莓、小托盘、悬钩子、覆盆、树梅、树莓、野莓、木莓、乌藨子。果实酸甜，植株枝干上长有倒钩刺。覆盆子果实是一种聚合果，有红色、金色和黑色。覆盆子在日本、韩国以及欧美等地是常见水果；在中国大量野生分布，江南梅雨季节后，可当野果采摘食用，市场上也有作时令野果销售。有少量地区种植。植株可入药，果实有补肾壮阳作用。红色覆盆子叶具有香草的养生功能，可搭配香草使用。

西洋苺

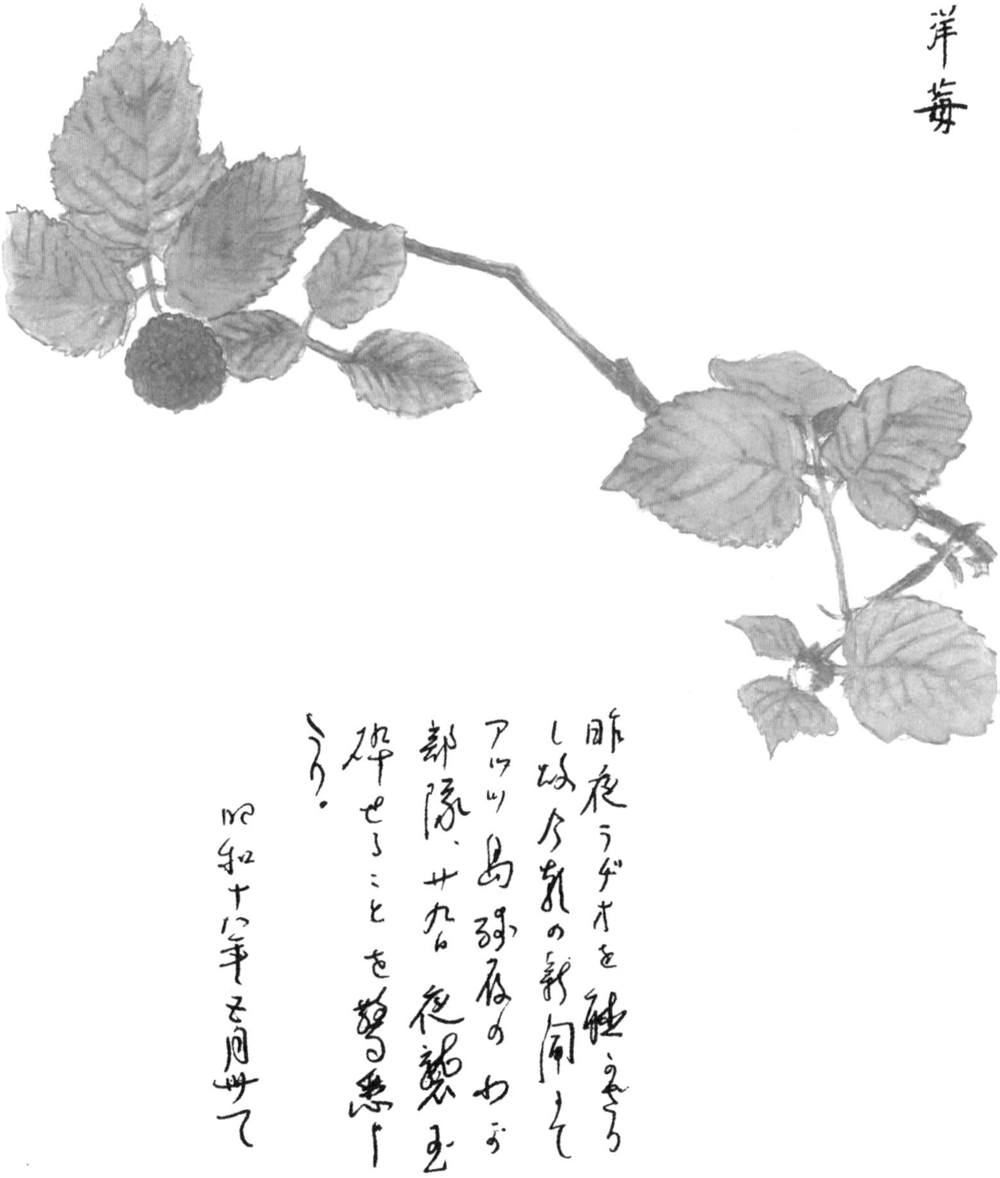

昨夜ラヂオを聴かざりし故今朝の新聞にてアッツ島守備の我が部隊、廿九日夜総玉砕せることを驚悲しめり。

昭和十八年五月卅日

龙吐珠

龙吐珠。马鞭草科，大青属。柔弱木质藤本，原产西非热带地区，在中国栽培历史并不长。花形奇特、开花繁茂，主要用于温室栽培观赏，可做花架，也可作盆栽点缀窗台和夏季庭院。花期3—5月。其花皆属苞片组成的菱形花萼，花开时，深红色的花冠由白色的萼内伸出，状如吐珠。喜温暖、湿润和阳光充足的半阴环境，不耐寒。可供公园或旅游场所砌作花篮、拱门、凉亭和各种图案等造型。

ベンケイクサギ

昭和十八年六月一日 講義の前 河野與一君教室に
訪ね来り 熱海蜂須賀侯別邸の庭に之を獲つて
とて 苺の小箱と共に我
憧れの洋花を
饋らし恵む

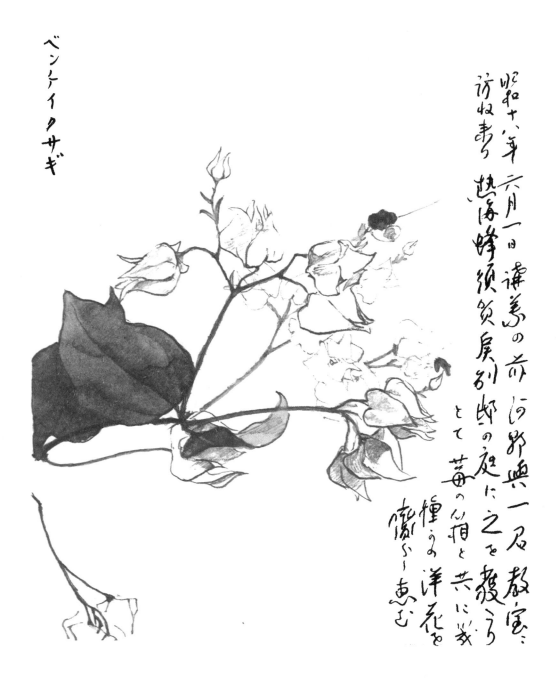

风轮菜

风轮菜。唇形科，风轮菜属。株高40~45cm，主要生长于亚热带地区海拔800m以下的开阔地及荒废地。又名蜂窝草、节节草、苦地胆、熊胆草、九层塔、落地梅花、九塔草。茎四方形，多分枝，全体被柔毛。叶对生，卵形，长1~5cm，宽5~25mm，顶端尖或钝，基部楔形，边缘有锯齿。花期5—8月，果期8—10月。可作药用，疏风清热，解毒止痢。

たうばあ

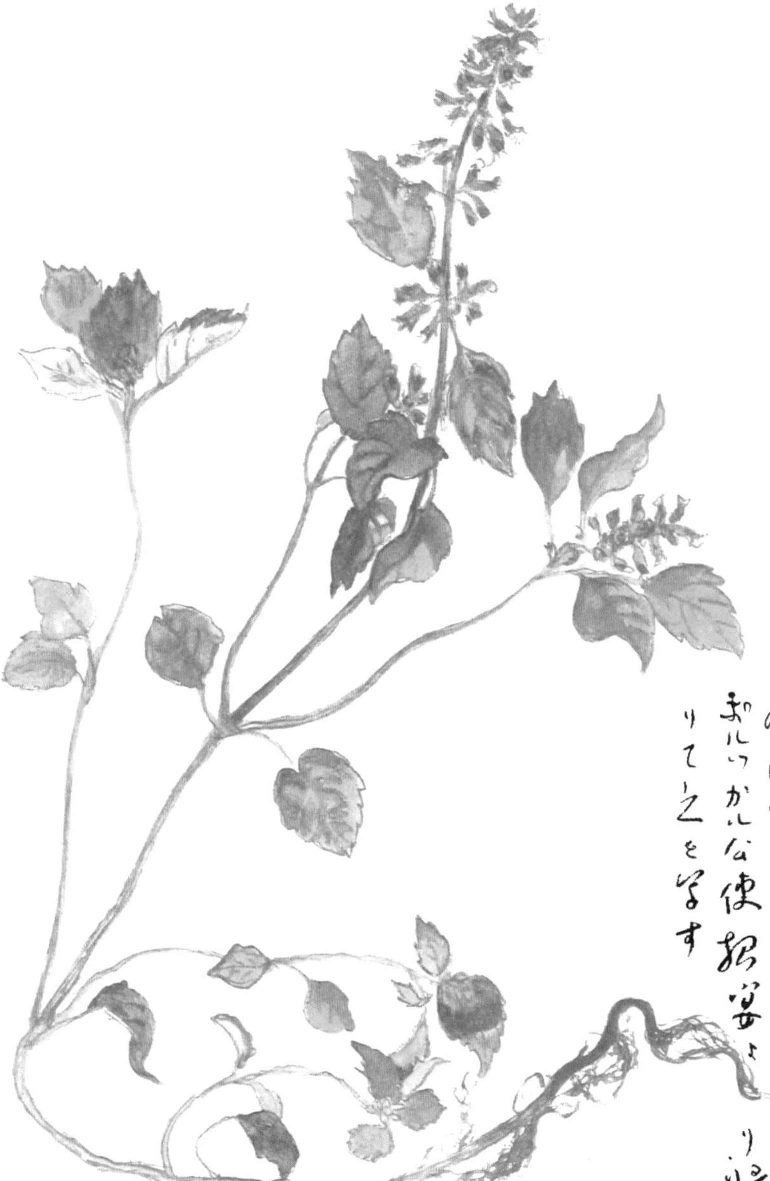

昭和十八年六月ニて
帝国ホテルにおける日葡協会
ポルトガル公使招宴より帰
りて之を写す

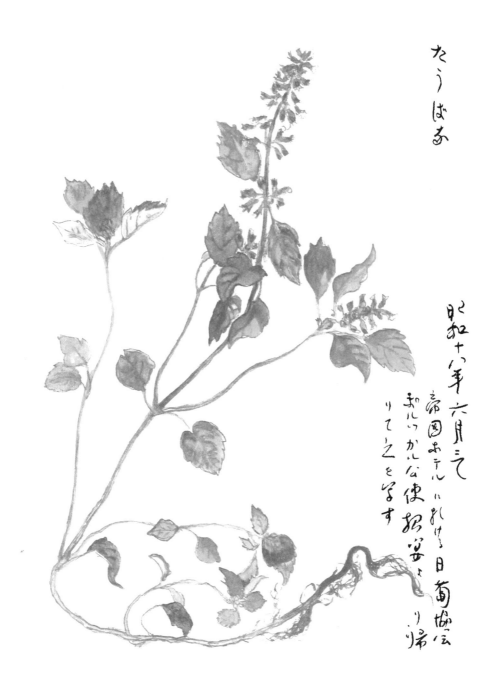

荚蒾

荚蒾。忍冬科，荚蒾属。又称檕迷、檕蒾。幼枝绿色被星状毛，近圆形或宽卵形的叶子对生，叶背面具星状毛，叶背基部两侧具腺体和腺点；夏季开白色小花，在枝端密集成聚伞花序。核果呈红色广卵形。花期5—6月，果期9—11月。多分布于朝鲜、日本、中国，生长于海拔100~1,000m地区，多生长于山谷疏林下、山坡及山脚灌丛中。

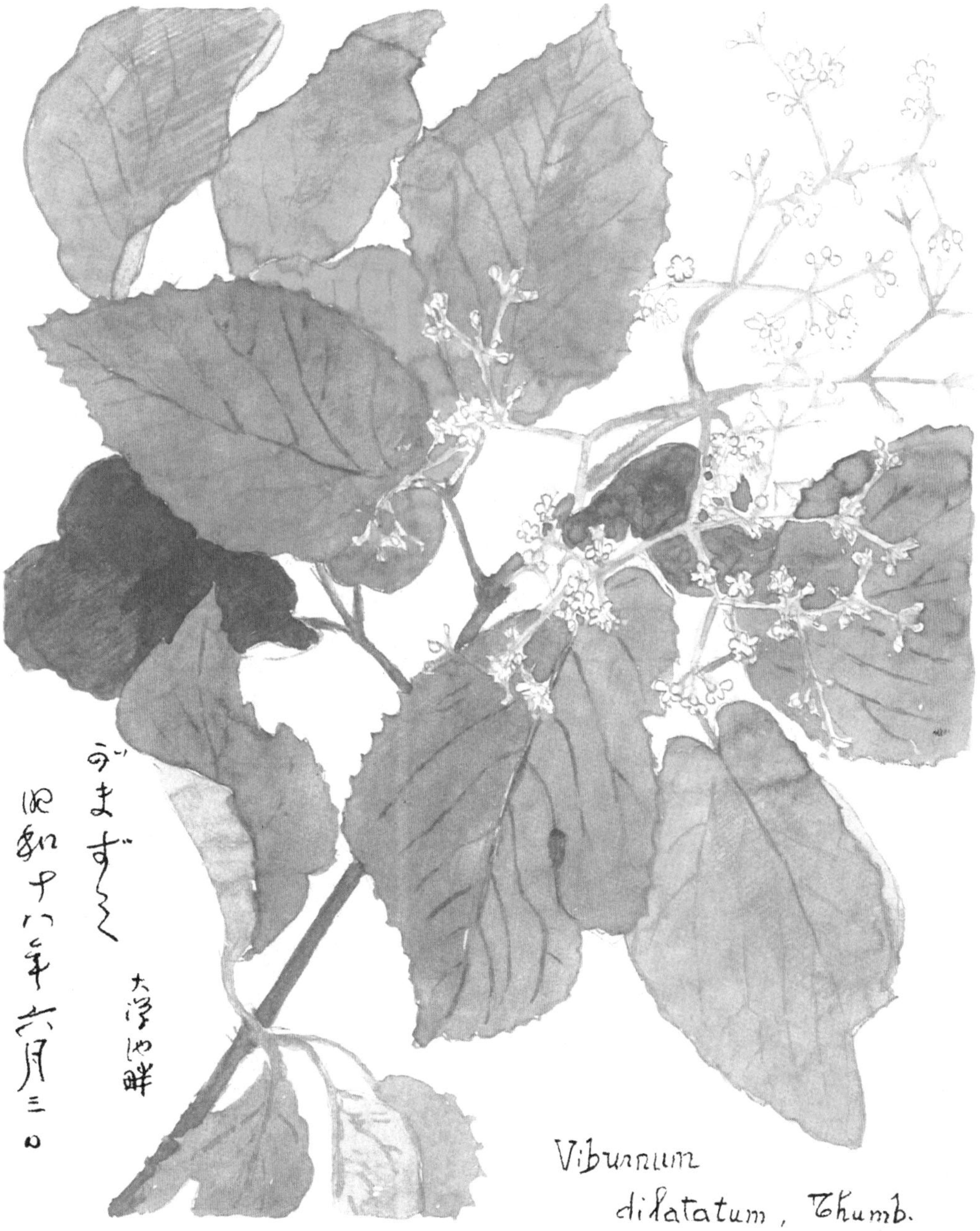
がまずみ
昭和十八年六月三日
大学池畔
Viburnum
dilatatum, Thumb.

马缨丹

马缨丹。马鞭草科，马缨丹属。日本称七变花。别称五色梅、七色梅、五龙兰、如意草、五彩花、臭草、臭金凤等。常绿灌木。花期一般是在4月中、下旬到隔年的2月中旬，不过也因气候与温度的影响，几乎整年都开花。一丛花序之中常会出现不同颜色的变化，枝叶含有特别的刺激气味。花落之后会结绿色的果实，成熟后的果实呈黑紫色，果实与茎叶有毒性。

七變化　Lantana

金曜日の帰り農学部の庭より折り
こし此枝をぬくも見ずして小さき瓶
に挿け入れ置きたるを、この夜遅く
取り出て　あまり可憐なれば
急ぎ写しぬ

昭和十八年六月六日夜半

日本槭

日本槭。槭树科，槭树属。别名羽扇槭。原产于日本北部，中国江苏、辽宁等地有分布。叶掌7~11裂，基部心形，裂缘有锯齿，秋季变暗红色。顶生伞房花序，萼片花瓣状，紫红色；翅果。花期5月，果期9月。喜好温暖湿润、通风良好、阳光充足的环境，最适宜生长温度为20℃～30℃。为优美的庭院观赏树种。

昭和十八年六月十日午後三時
癌研究会評議員会（大東亜會館）

ハウチハカヘデ

窄叶火棘

窄叶火棘。蔷薇科，火棘属。别名：狭叶火焰花。多枝刺，全株多处密被灰白色绒毛；叶片窄长圆形至倒披针状长圆形，前端圆钝而有短尖或微凹，基部楔形；复伞房花序，花瓣近圆形，白色，雄蕊20mm，花柱5mm，与雄蕊等长。果实扁球形，直径5~6mm，砖红色，顶端具宿存萼片。花期5—6月，果期10—12月。

ほそばときはさんざし

Pyracanthus angustifolia, Schneid.

昭和十八年六月十三日、日曜日、晴。午后 法学部三十六番教室の日本方言学会大会を聴く。小泉学院、勤と「夏のへる」を講す。新村出博士にあふ。

昭和十九年十一月廿三

石榴

石榴。石榴科，石榴属。又名安石榴、山力叶、丹若、若榴木等。落叶乔木或灌木。高2~7米。幼枝常呈四棱形，枝顶端多呈刺状。叶对生或近簇生，矩圆形或倒卵形，中枝脉在枝叉处凸起；叶柄长5~7mm。花一至数朵生于枝顶或腋生，雌雄同体，有短梗；花萼呈钟形，红色，质地较厚，长2~3cm，顶端5~9个裂片，裂片外面有乳头状突起。浆果近球形，果皮厚，顶端有宿存花萼，直径约6cm。性喜温暖湿润。据记载由西域引入，中国各地都有栽培。花期5—6月，果期9—10月。

Punica Granatum, L.

昭和十八年六月十六日、左掌レントゲン火傷整形手術。午后四時南方科学研究会医薬部ニ於テ徳川頼貞侯ノリワビン島ニ於ける文化政策に就て講演有。食後小野茂良来話。

大叶冬青

大叶冬青。冬青科，冬青属。又名大苦酊、宽叶冬青、多罗、波罗树。常绿大乔木。株高10~30m。树皮灰棕色。叶片长椭圆形，长10~17cm，宽4~7cm，叶边缘呈尖锐锯齿状。花色为黄绿色，直径0.4~0.5cm。花期4—6月，果期9—10月。生长于海拔250~1500m山坡常绿阔叶林、灌丛或竹林中。

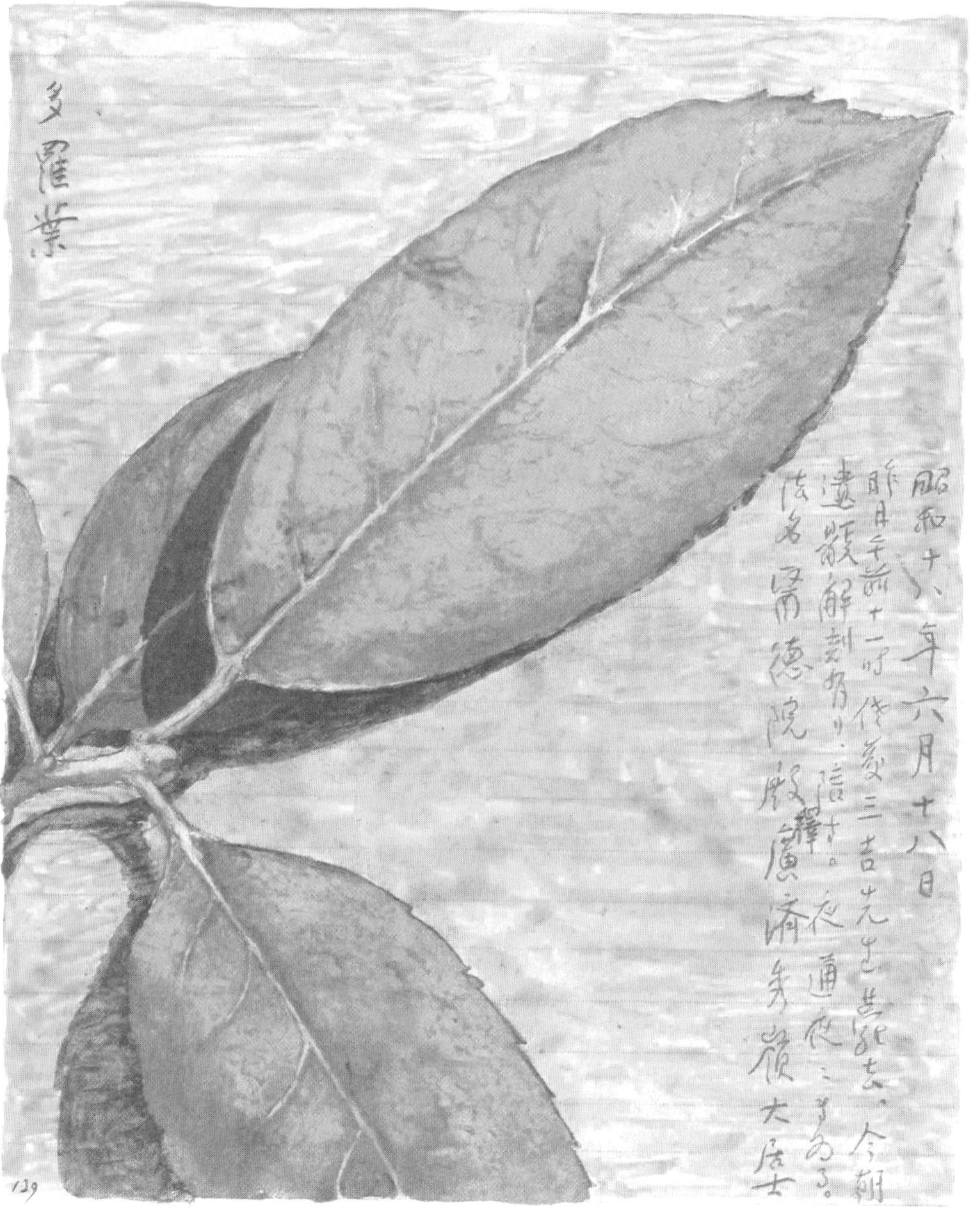
多羅葉
昭和十八年六月十八日
昨日午前十一時伊藤三吉先生逝去。今朝
遺骸解剖有り。陪す。夜通夜にまゐる。
法名 賢徳院殿廣濟秀嶺大居士
129

栀子

栀子。茜草科，栀子属。又名黄果子、山黄枝、黄栀、山黄栀、白蟾等。常绿灌木。广披针形或倒卵形叶子，对生或三叶轮生，叶片革质全缘，前端和基部钝形，表面翠绿有光泽；春夏开白色花，顶生或腋生，有短梗，极芳香；浆果卵形，黄色或橙色。通常所说栀子花指观赏用重瓣变种大花栀子。栀子花枝叶繁茂，叶色四季常绿，为重要的庭院观赏植物。花期3—7月，果期5月至翌年2月。花可做茶用香料，果实可消炎祛热。

くちなし
Gardenia florida, L.

紫阳花

紫阳花。虎耳草科，紫阳花属。又名绣球、八仙花、粉团花、草绣球、紫绣球。绣球花是一种常见的园艺装饰花卉，花色一般包括红、蓝、紫色，会因所在环境的酸碱度不同引起花色变化，所以也可作为天然的酸碱指示剂。花期6—7月。根据日本绣球花研究者山本武臣的研究，“紫阳花”之称呼最早出自唐朝诗人白居易，可能用以称呼欧丁香。后因误用流传，而成为日本对绣球花的通称。神户市将其作为市花。

あぢさゐ
Hydrangea opuloides, Steud.
var.
Otaksa, Dipp.
昭和十八年六月廿三日夕

乌蔹莓

乌蔹莓。葡萄科，乌蔹莓属。又名乌蔹草、五叶藤、五爪龙、母猪藤、五叶梅。多年生蔓生草本植物。茎紫绿色，有纵棱纹，具卷须；幼枝有柔毛，后变光滑。掌状复叶，具小叶5枚，排列成鸟爪状，中间小叶椭圆状卵形，两侧4枚小叶渐小，成对生于同一小叶柄上，但又各具小分叶柄，小叶边缘具较均匀的圆钝锯齿。花期3—8月，果期8—11月。生于山坡、路旁、旷野或园篱旁，攀附于他物上或蔓生。全草可入药，有凉血解毒、利尿消肿功效。

Cissus japonica, Willd.

麦冬

麦冬。百合科，沿阶草属。又名沿阶草、书带草、麦门冬、寸冬、川麦冬。多年生常绿草本植物。根较粗，株高12～40cm，根状茎粗壮，有细长的葡匐茎、须根，须根前端或中部常膨大成纺锤形肉质小块根。狭线形叶片丛生。夏末抽花茎，总状花序顶生，紫色或白色花。球形浆果，成熟时为蓝黑色。花期5—8月，果期8—9月。麦冬的小块根为中药，有生津解渴、润肺止咳之效。麦冬喜温暖湿润、降雨充沛的气候环境。

Ophiopogon japonicus, Ker-Gawl.

じやのひげ

一名りうのひげ

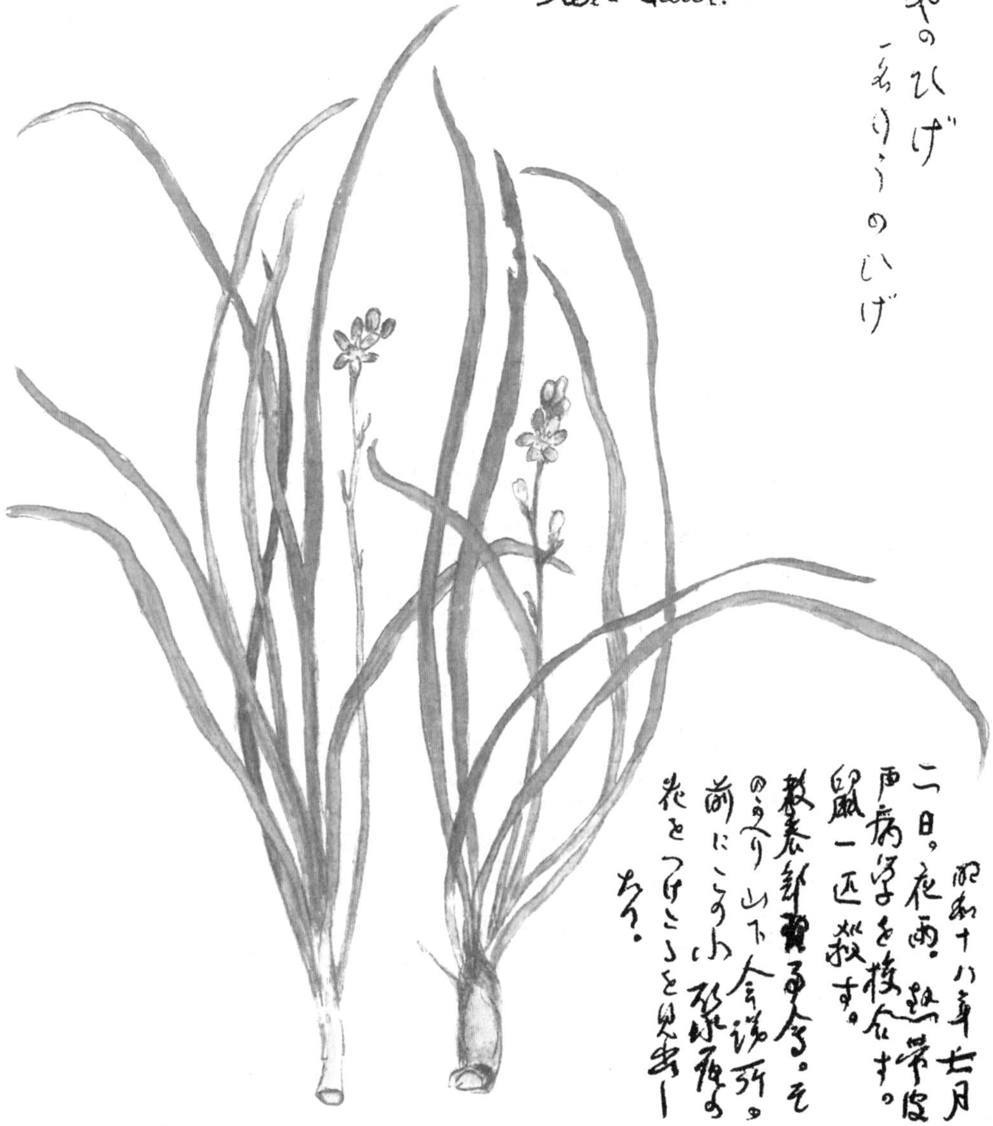

昭和十八年七月二日。夜雨。熱帯皮膚病学を校合す。鼠一匹殺す。教養部幹事会。そのかへり山下会議所の前にこの小形種の花をつけたるを見出したり。

紫叶地锦

紫叶地锦。大戟科，地锦属。又名爬墙虎、爬山虎、土鼓藤、红葡萄藤。多年生落叶藤本植物；卷须5～9分枝，顶端具有吸盘，可吸附墙壁；广卵形叶，有时2~3裂，叶子成熟时叶片长度为8~18cm，宽度为6~16cm。叶子边缘为锯齿缘。叶基为楔形。夏季开黄绿色小花，聚伞花序。紫黑色浆果。花期5—8月，果期9—10月。藤茎可入药，具有活瘀血、消肿毒、祛风活络、止血止痛的功效。

おにあきさう

昭和十八年七月廿七

山椒

山椒。芸香科，花椒属。又名檓、大椒、秦椒、蜀椒。落叶小乔木。高可达7m。聚伞圆锥花序，顶生，花被片4~8片；雄花雄蕊5~7个，雌花心皮3~4个，子房无柄。果球形，通常2~3个，红色或紫红色，密生疣状凸起腺点。花期3—5月，果期7—9月。山椒含有柠檬烯、香叶醇、异茴香醚、花椒油烯、水芹香烯、香草醇等物质，具有独特浓烈香气。山椒树结实累累，是子孙繁衍的象征，故《诗经·唐风》称：“椒聊之实，蕃衍盈升。”

山椒

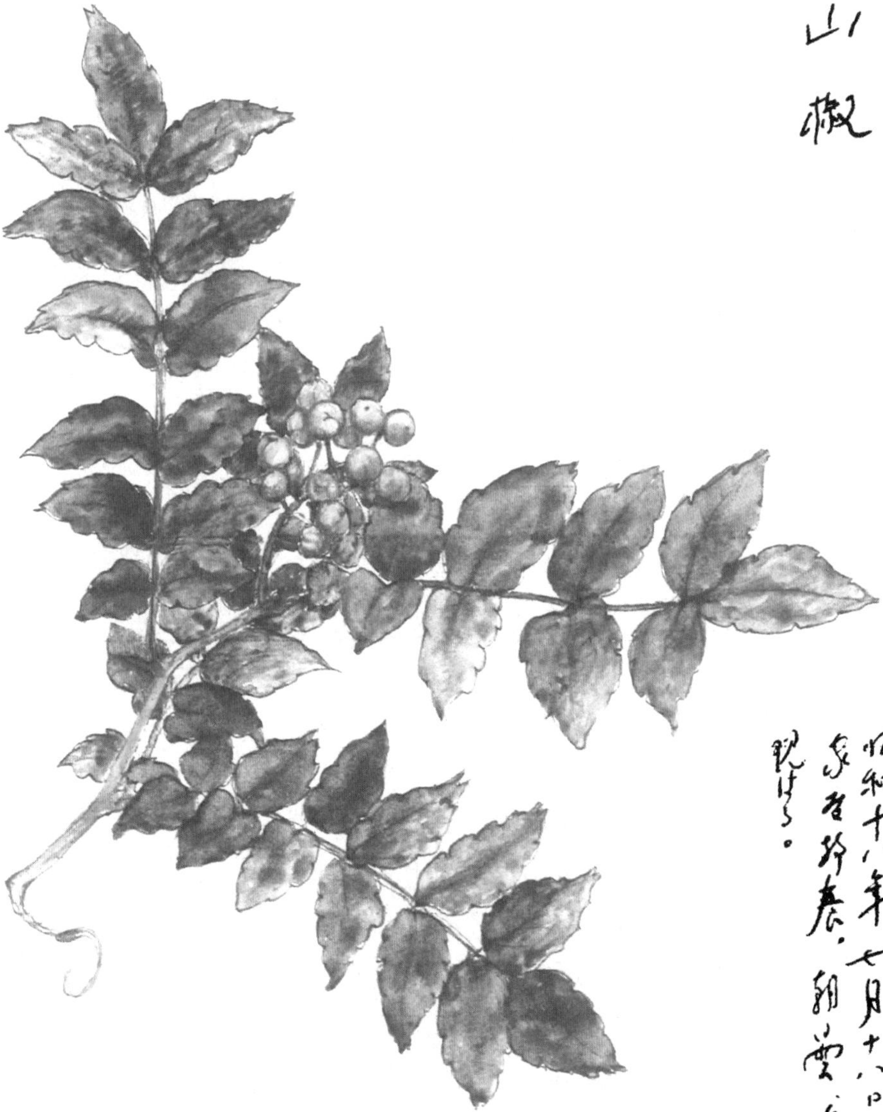

昭和十八年七月十八日（日）
家の者持参。朝曇、後日
晴れる。

野萱草

野萱草。百合科，萱草属。又名红萱、野金针菜、野黄花、金针、黄花菜、忘忧草。草本植物，株高60~80cm，地下丛生多数肉质纤维根及膨大纺锤状块根。叶自根部簇生，狭长呈剑状线形，长30~80cm，宽1~1.8cm，基部抱茎，前端渐尖，全缘，光滑，稍肉质状。每朵花只开一天，花期6—7月。花形有单瓣或重瓣，漏斗状，前端浅裂或深裂，花色丰富。果实为蒴果，长圆形，长2~4cm，直径约1.5cm。其叶形为扁平状长线形，叶与地下茎均微量含毒，不可直接食用。

のくわんぞう
昭和十八年七月廿八

瞿麦

瞿麦。石竹科，石竹属。又名高山瞿麦、野麦、石柱花、十样景花、巨麦。多年生草本植物，株高达80cm，叶片为绿或绿灰色，狭长，长5～10cm。花香浓郁，直径3~5cm，5枚流苏状深裂花瓣，花色为粉、紫色等，基部带有绿色，花簇生，顶生于花茎，花期6—9月，果期8—10月。生长于海拔400～3,700m地区。全草可入药，有清热、利尿、活血通经功效。

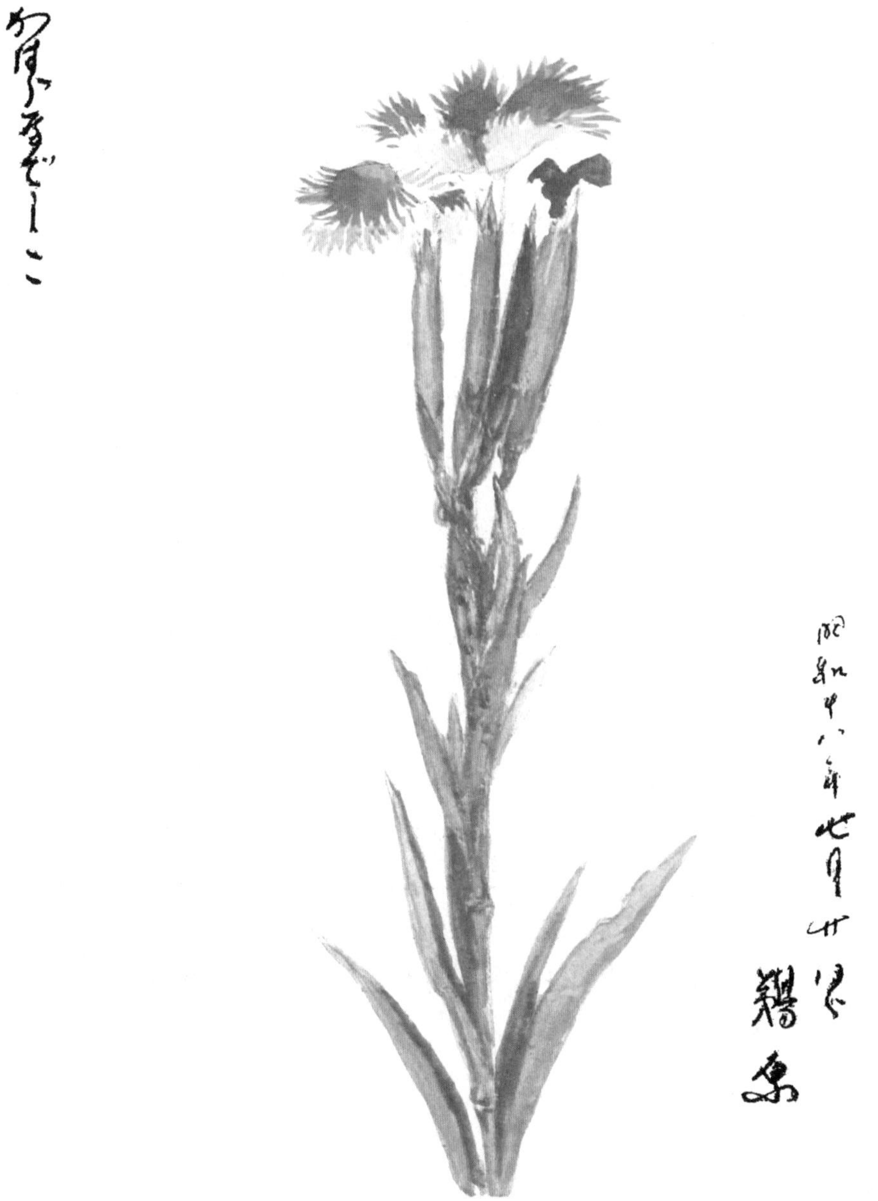
かはらなでしこ
昭和十八年七月廿日

紫茉莉

紫茉莉。紫茉莉科草本植物。又名胭脂花、粉豆花、夜饭花、状元花、丁香叶、苦丁香、野丁香。主枝直立，侧枝散生伏地，节部膨大，并显粉红色，株高可达1m左右。叶形为卵形或卵状三角形，对生，翠绿，内有浅色叶脉。花朵状似喇叭，花瓣五裂，花径2～3cm，长4～5cm，大多为大红或紫色，亦有白、粉、黄及复色等。果实坚硬，呈黑色，外形酷似地雷，故亦称“地雷花”。江户时期，日本女性化妆所使用的“白粉”的主要原料就是紫茉莉胚乳。

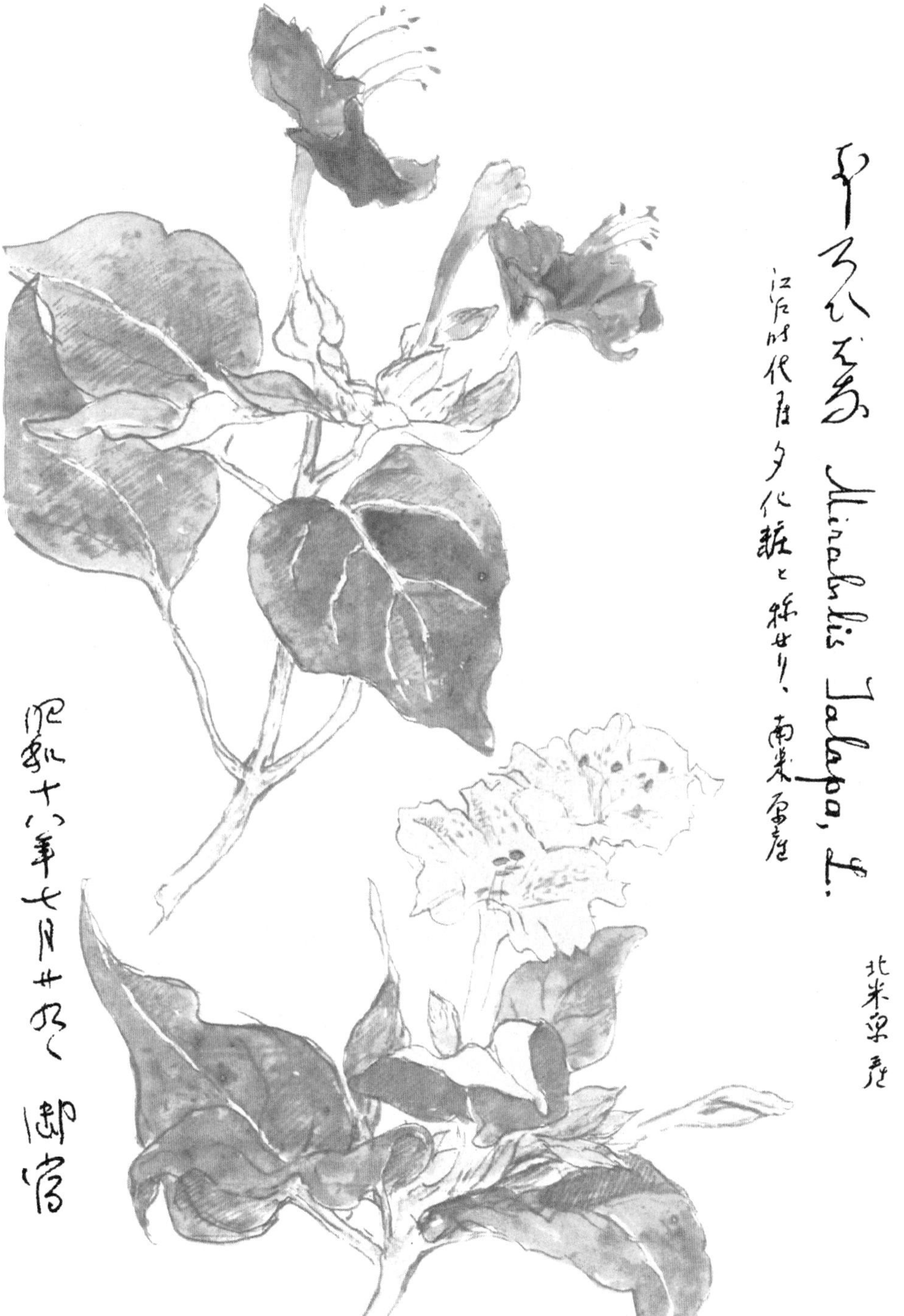
おしろいばな Mirabilis Jalapa, L.
江戸時代は夕化粧と称せり、南米原産
北米原産
昭和十八年七月廿九日 御写

晚樱草

晚樱草。柳叶菜科，月见草属。又名月见草、待霄草。多年生草本植物。茎直立，被毛；基生叶丛生，有柄；茎生叶互生，有短柄或无柄，条状披针形，两边有白色短柔毛，边缘有疏锯齿；夏季开黄色花，单生于叶腋，夜开晨闭；圆柱形蒴果，略具四棱。月见草的日本花语是“默默的爱”“沐浴后的美人”。

おほまつよひぐさ

本当の月見草は白花。この種はフランスではサラドとして食ふ。私は牛蒡の代用として食ふ

昭和十八年七月廿九日 上信にて写

合欢花

合欢花。豆科，合欢属。又名夜合欢、夜合树、绒花树、乌绒树、苦情花。落叶乔木，高可达16m，生长迅速，喜温暖湿润和阳光充足环境，气微香，味淡。花期6—7月，果期8—10月。合欢花具安神作用，主要有治郁结胸闷、失眠健忘、眼疾、神经衰弱以及滋阴补阳等功效。合欢花在日本的花语为言归于好、合家欢乐。合欢花在中国古代诗歌和绘画中也经常出现，以象征爱情，《聊斋志异》中有“门前一树马缨花”的诗句。

ねむのき
Albizzia Julibrissin, Durazz.
昭和十八年七月廿八日

山桐子

山桐子。大风子科，山桐子属。又名水冬瓜、水冬桐、椅树、椅桐、斗霜红。属落叶乔木。小枝无毛；叶螺旋互生；叶柄淡红色，约与叶身等长，顶端有两长椭圆腺体。花顶生及腋生，常呈近于总状圆锥花序，花单性(雌雄异株)或杂性，淡黄色，有芳香。浆果成熟期为紫红色，扁圆形，果梗细小，长0.6～2cm；种子为红棕色，圆形。花期4—5月，果熟期10—11月。

昭和十八年八月十日
大学

紫薇

紫薇。千屈菜科，紫薇属。又名痒痒花、痒痒树、紫金花、紫兰花、满堂红。落叶小乔木；新生树皮后旧皮脱落，故树干光滑；夏季满树开花，顶生圆锥花序，每朵花有6瓣，花瓣皱缩如同皱纹纱。花色有白色、红色、紫色、淡藕荷色等多种颜色，基部具有长爪，非常美观；花期长达2~3个月。

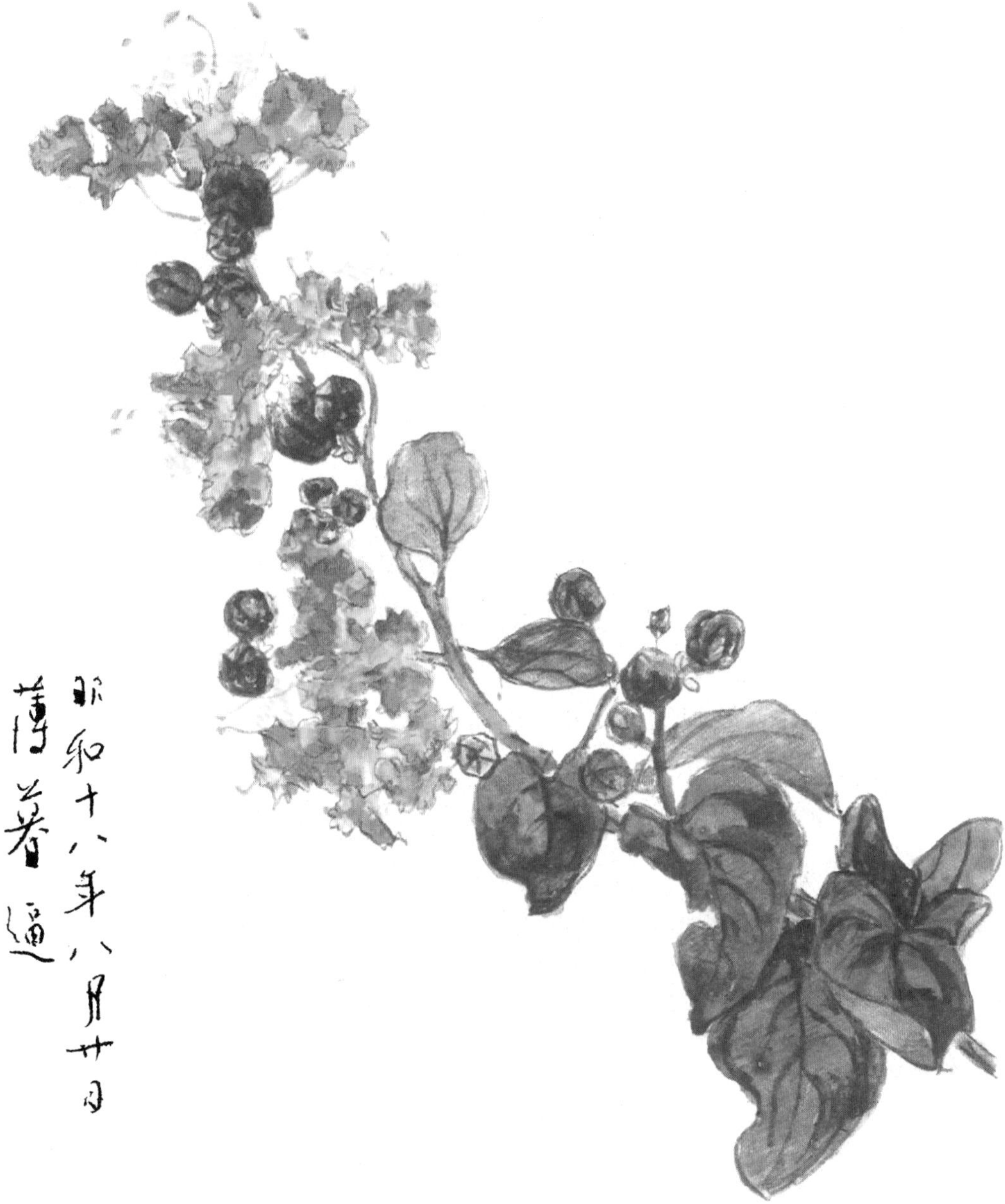
昭和十八年八月廿日
薄暮 通

宫城野萩

宫城野萩。豆科，胡枝子属。中国称美丽胡枝子、毛胡枝子，日本称宫城野萩、秋之七草。落叶灌木，高可达2m以上，全株被伏毛。3出叶，无小托叶。顶小叶长椭圆形，长2~5cm，宽1~2.5cm，前端圆形或微凹。总状花序腋生，花冠蝶形，紫红色，长12~18mm。荚果有柄，扁椭圆形，具喙，长5~10mm。花期7—9月，果期9—10月。它的盛开也代表着秋天的来临。

宫城野萩

昭和十八年八月廿日 伊東

石竹

石竹。石竹科，石竹属。别名洛阳花、中国石竹、中国沼竹、石竹子花。多年生草本植物，全株粉绿色，株高30～50cm；线状披针形叶子，绿至灰绿色，长3~5cm，宽2～4mm；夏季开红色、粉红色、紫色或白色花朵，花单生或2～3朵疏生枝端，萼下有尖长苞片。蒴果圆筒形，包于宿存萼内，种子黑色，扁圆形。花期5—6月，果期7—9月。多生长于草原及山坡草地，目前已作为观赏植物在世界各地广泛栽培。

とこなつ
昭和十八年八月廿日

锦灯笼

锦灯笼。马鞭草科，酸浆属。又称菇娘、灯笼草、金挂灯、戈力、洋菇娘、毛酸浆、金姑娘。多年生或一年生草本植物。根茎匍匐行于地上；茎上有棱；卵状椭圆形叶片互生，顶端短而锐尖，基部宽楔形，有长柄，叶缘有疏粗齿牙；花单生于接近叶腋处，绿色钟状花萼，顶端五浅裂，三角形裂片，开花后增大呈气囊状，变为橙红、深红色，花冠为黄白色；成熟时为红色浆果。在日本，锦灯笼的花语是：不可思议、自然美、欺瞒。

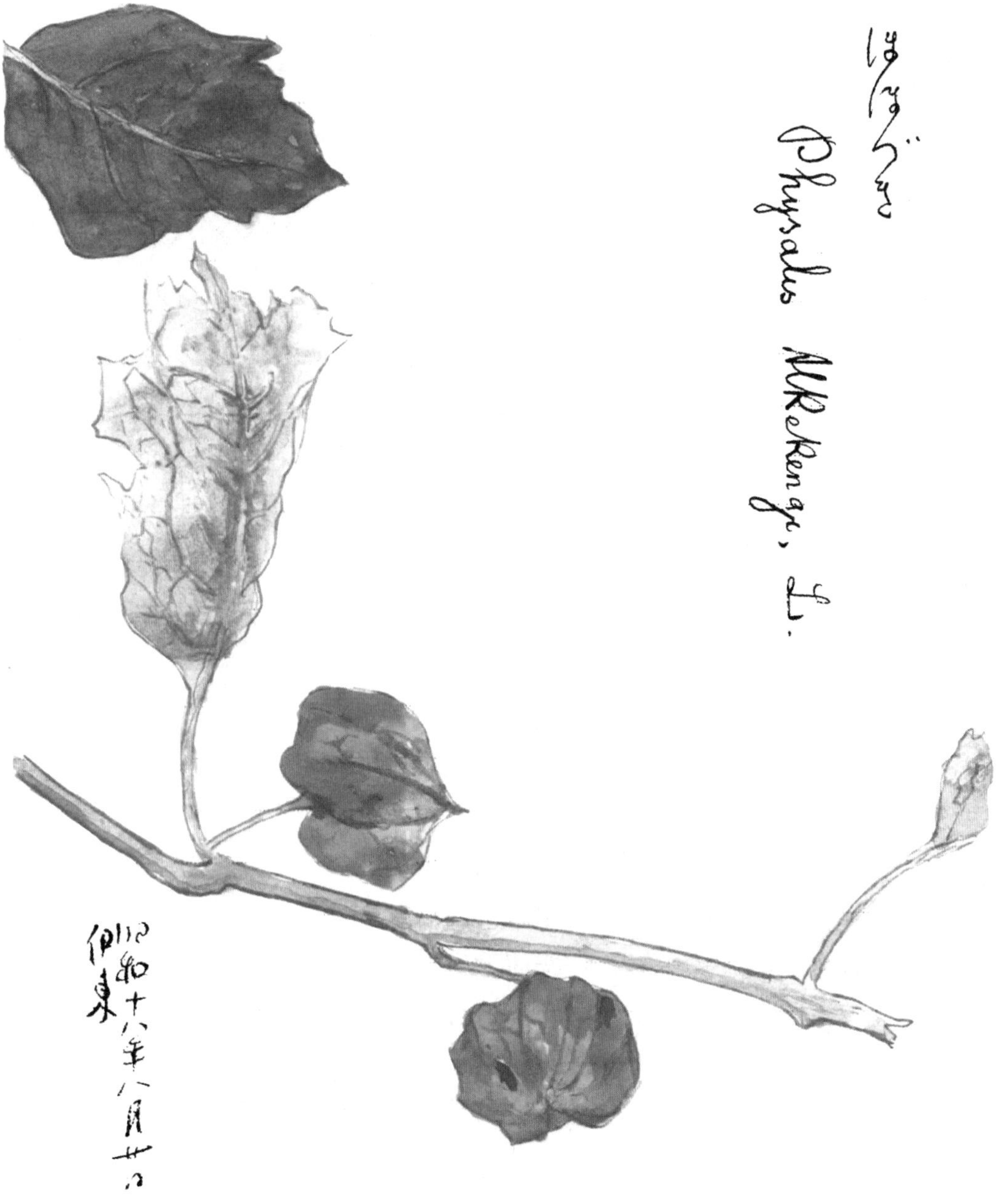
Physalis Alkekengi, L.
昭和十八年八月
伊東

王瓜

王瓜。葫芦科，栝楼属。攀缘性多年生草本植物，根肥厚而呈块状，茎细长而有粗毛，具卷须。

叶互生，膜质至纸质，掌状 3~5 浅裂，近基部之叶则多呈深裂状而被有粗毛，三角卵形至近圆形，全缘至 5~7 深掌裂卷须，单一或二分叉。花雌雄异株，腋出，花冠白色，先作 5 裂，各裂片再呈细丝裂状而下垂；雄花少数而呈短总状排列，雌花单立，萼筒长约 6cm。5—8月开花，8—11月结果。

具有清热、生津、化瘀、通乳之功效。

からすうり
昭和十八年八月廿一夜窓
残燈不明細
難辨色
八月廿六日

鸭儿芹

鸭儿芹。伞形科，鸭儿芹属。又名三叶芹、水白芷等。日本名为三叶，因其叶片从中央分成三片而得名。多年生草本植物。高30～90cm。根细长成簇。茎直立，有分枝。叶片广卵形，长5～18cm，3出，中间小叶片菱状倒卵形，长3～10cm，宽2.5～7cm。复伞形花序呈圆锥状，花序梗不等长，总苞片1片，呈线形。

鸭儿芹营养丰富、味道鲜美，具有清香气息，是日本料理的常用菜。

みつば

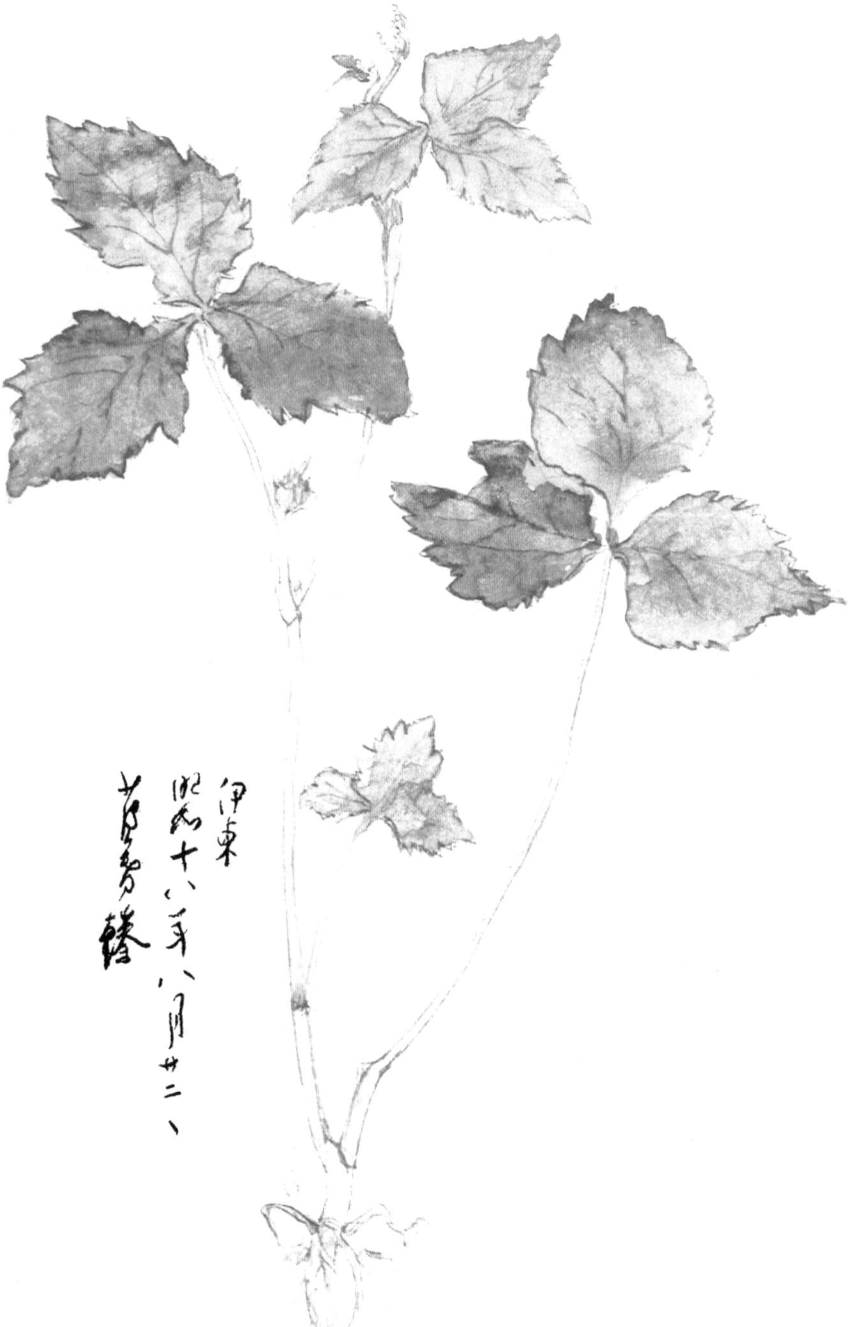

红蓼

红蓼。蓼科，蓼属。又名荭草、红草、大红蓼、东方蓼、大毛蓼、游龙、狗尾巴花等。成株茎高1～2m，直立，分枝，有节，被密毛。叶片宽卵形或卵形，全缘，两面疏生长毛，有长柄，托叶鞘筒状。花序穗状，顶生或腋生，粉红、玫瑰红或白色。瘦果扁圆形，种子扁宽卵形，红褐色或黑褐色，顶端微尖，种皮薄。适应性很强，喜在水旁湿地生长。红蓼具有药用、观赏及作芽菜等用途。花期6—9月，果期8—10月。

おほけそ

Polygonum
orientale, L.,
var.
pilosum, Meisn.

昭和十六年、九月廿四日
おほけたて垣の下、垣のうちに咲け
り。その幹は垣の外にも生へ、これい花
少しも無れ如むれ、い行人まちぎれを
近に園丁三本の、その幹を刈りを
切り延べた今日あと相足短かの
碑存とりに大きなる茎に花
を備り
たる
を見出し
たり。

阔叶山麦冬

　　阔叶山麦冬。百合科，山麦冬属。又名短莛山麦冬。根状茎粗壮，局部膨大成纺锤形小块根。叶丛生，宽线形。有大量根生叶（长于根部附近的叶片），整体植株较大。可同时生出数根花穗，花穗长8～12cm，上面同时开满大量小花，小花直径在8mm左右。花色呈淡紫色，有6片花瓣，中心有6根黄色雄蕊。种子球形，直径6～7mm，初期绿色，成熟时变黑紫色。因为经常生长于灌木丛，叶形似兰花，所以在日本得名“树丛兰花”。

やぶらん Liriope graminifolia Baker.
昭和十八年九月五日
曜日 雨ふる 午后晴
小石川の家の庭

蓖麻

蓖麻。大戟科，蓖麻属。又名麻草。一年或多年生草本植物。全株光滑，上被蜡粉，通常呈绿色、青灰色或紫红色；茎圆形中空，有分枝；叶互生较大，掌状分裂；圆锥花序，单性花无花瓣，雌花着生在花序的上部，淡红色花柱，雄花在花序的下部，淡黄色；蒴果有刺或无刺；椭圆形种子，种皮硬，有光泽并有黑、白、棕色斑纹。花期5—8月，果期7—10月。喜高温，不耐霜，酸碱适应性强，在中国广为栽培。

蓖麻

昭和十八年九月八日、月、
傅研。

落叶松

落叶松。松科，落叶松属。落叶乔木，高达可达35m，胸径达90cm。叶线形，柔软，在长枝上散生，短枝上簇生；雌雄球花分别单生于短枝顶端。球果生长时紫红色，熟前卵圆形或椭圆形，熟时上端种鳞张开，呈杯状，为黄褐色、褐色或紫褐色，有光泽。5—6月开花，球果9月成熟。落叶松喜光，耐寒，分布在高山地区。

落葉松

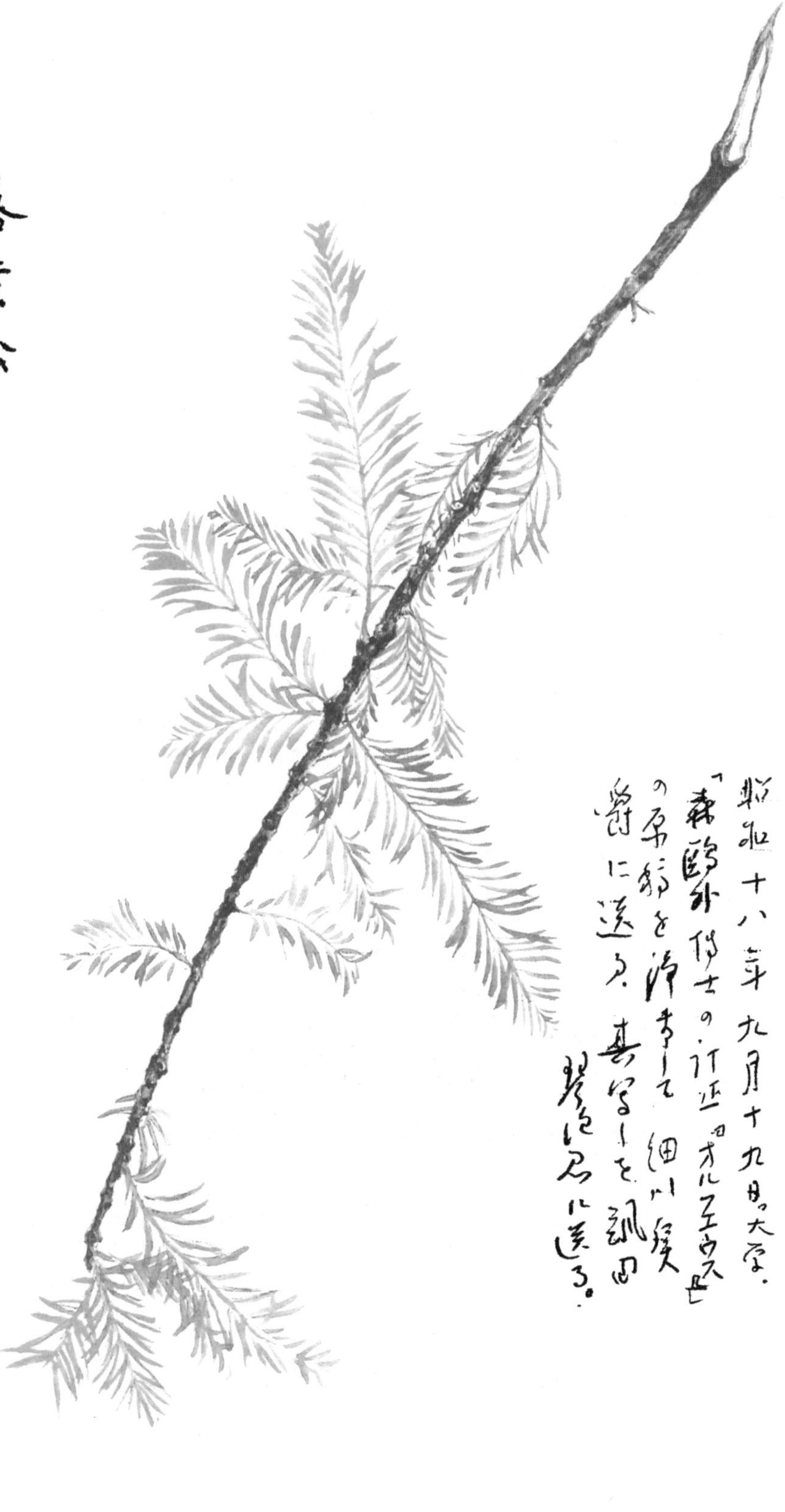

昭和十八年九月十九日、大学。「森鷗外博士の訳述のオルフエウス」の原稿を浄書して細川侯爵に送る。其写しを凱風碧居君に送る。

地榆

地榆。蔷薇科，地榆属。又名黄爪香、玉札、玉豉、酸赭、山地瓜、猪人参、血箭草等。多年生草本植物，高50～150cm。茎直立，有细棱，无毛，上部分枝。奇数羽状复叶；小叶通常为4～6对，小叶片卵圆形或长圆状卵形，前端尖或钝圆，基部近心形，边缘有具芒尖的粗锯齿。

瘦果暗棕色，包藏于宿存的萼筒内，有四棱，被细毛。花期及果期7—10月。为中草药，性寒，味苦酸，无毒，有凉血止血消肿之功效。

生长于海拔30～3000m地区，常生长于灌丛、山坡草地、草原、草甸及疏林下。

われもこう
二分一
昭和癸未秋九月廿六
写于軽井沢旅舍

大金发藓

大金发藓。金发藓科，金发藓属。又名独根草、小松柏、岩上小草、眼丹药、一口血、矮松树、万年杉等。体高10~40cm，常丛集成大片群落。幼时深绿色，老时呈黄褐色。有茎、叶分化。茎直立，下部有多数假根。叶丛生于上部，向下渐小渐疏，鳞片状，长披针形，边缘有齿，中肋突出，由几层细胞构成，叶缘则由一层细胞构成，叶基部鞘状。颈卵器和精子器分别生于二株植物体(即配子体)茎顶。中国均有分布，生长于山地及平原。全草入药，能清热解毒、凉血止血。

すぎごけ

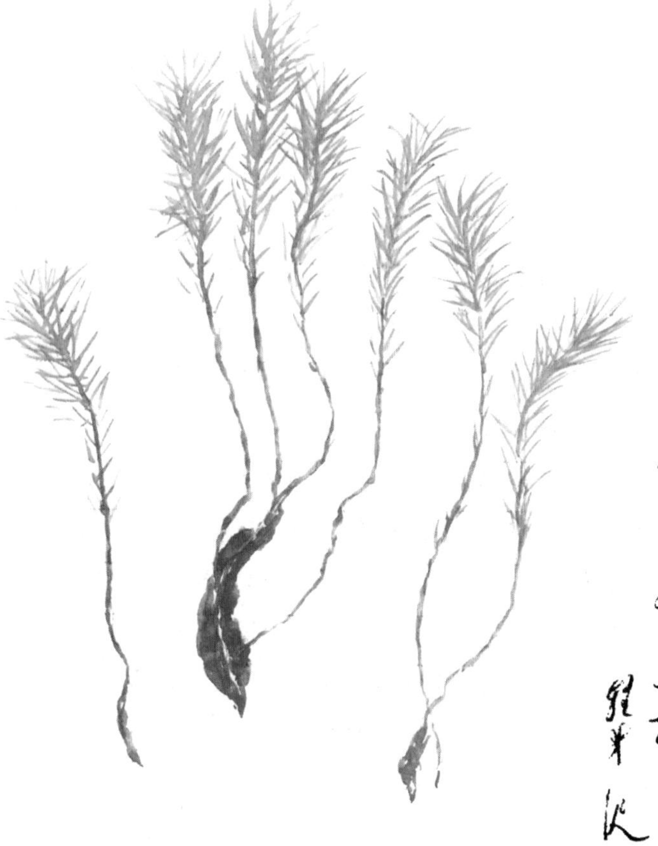

红头石蕊

红头石蕊。石蕊科，石蕊属。又名石濡、石芥、云茶、蒙顶茶、石蕊花、石花等。子器柄灰色，较细，单一或有时上部稍具分枝，高0.5~2.5cm，下部常着生鳞叶；皮层常为颗粒状或网眼状，基部及子囊盘下部常具连续皮层；表面被有粉芽。子囊盘多数，大型，着生于子器柄顶端。虽然红头石蕊被认为是一种苔藓，但其不会生长真正的“杯状胞芽”，相反，是由如火柴棍一样笔直的分枝组成。

Cladonia sp.

昭和十八年九月廿九日
草偉

茶树

茶树。山茶科，山茶属。多年生常绿木本植物，落叶灌木或小乔木。茶树的叶薄革质并呈现椭圆状，缘有短锯齿；花白色，下弯；果扁圆呈三角形，果熟时会开裂，露出种子；主产于东亚及东南亚热带地区，幼叶制茶，种子制茶油。茶树性喜温暖湿润气候，平均气温10℃以上时芽开始萌动，生长最适宜温度为20℃～25℃。一生分为幼苗期、幼年期、成年期和衰老期。树龄可达一两百年，但经济年龄一般为40～50年。

茶

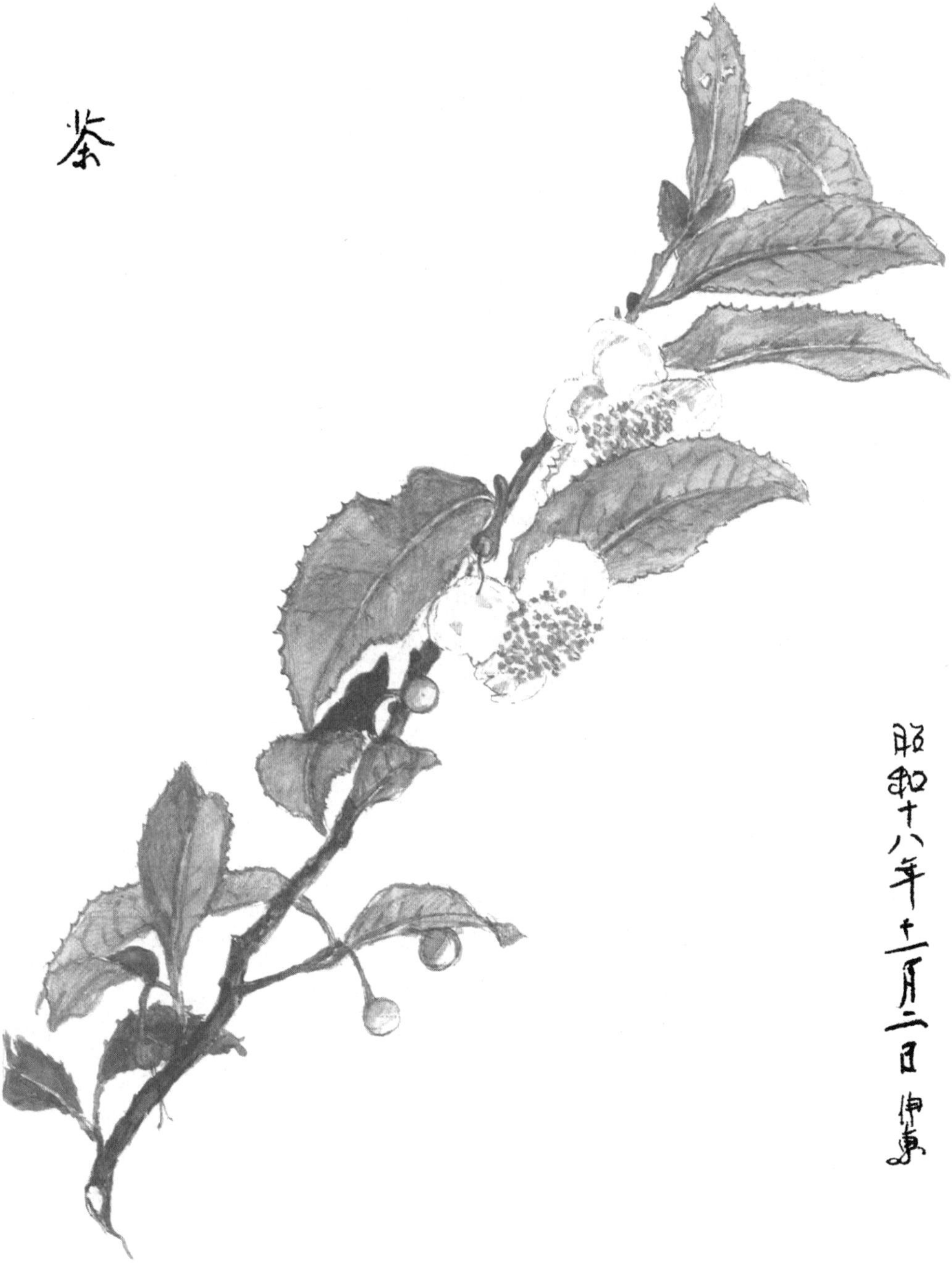

交让木

交让木。交让木科，交让木属。又名豆腐树、山黄树。常绿乔木，高4~15m。树皮灰白色，平滑，枝粗壮，小枝灰绿色，无毛，疏生椭圆形皮孔。单叶互生，无托叶，老叶常于新叶开时全部凋落，故名“交让木”。花小，单性，无花瓣，雌雄异株；果实为核果，核果长椭圆形，蓝黑色，外果皮肉质，内果皮坚硬。花期3—5月，果期8—10月。叶和种子可以药用，治毒肿；因树冠及叶柄美丽，亦可庭院栽培观赏。

ゆづりは
昭和十八年十一月十日
傳研

山茱萸

山茱萸。山茱萸科，山茱萸属。又名山萸肉、肉枣、鸡足、萸肉、药枣、天木籽、实枣儿、辟邪翁等。落叶灌木或小乔木，高4~7m。树皮为淡褐色，成剥裂的薄片状。嫩枝绿色，老枝呈黑褐色。单叶对生，叶片为椭圆形或长椭圆形，基部呈楔形，顶端渐尖，叶片正面覆盖稀疏绒毛，叶片背面绒毛较密。伞形花序，生于小枝顶端或枝腋处。核果长椭圆形，外表光滑，秋分至寒露时节成熟，熟时深红色。花期3—4月，果期9—10月。

山茱萸 Cornus officinalis Sieb. et Zucc.

昭和十八年十一月廿七日
お佐みづ木と山茱萸といぬのみくりとは東京に於
て最もよく見る花である。今年始めて其實の紫を
知った。夕五時半燈火管制の為め四圍暗
黒、幸ひ此樹は窓火に照せられて近く、甚
実の枝を折ることを得る

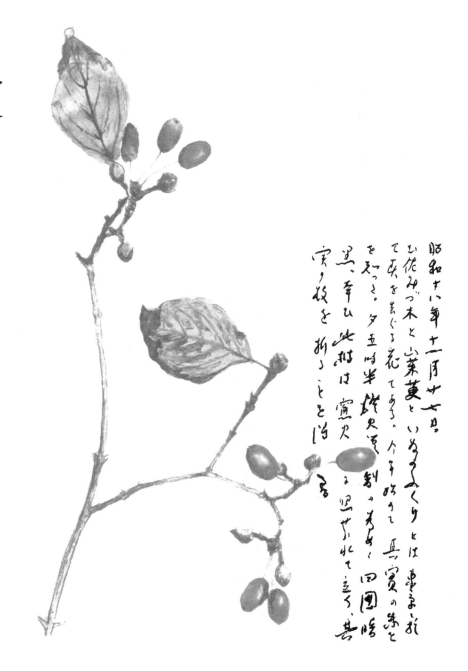

日本南五味子

日本南五味子。木兰科，南五味子属。又名南五味子、红骨蛇、美男葛。常绿木质藤本，茎或新叶呈暗红色，全株光滑无毛。单叶互生、叶肉质，长叶炳基部有小苞数片。叶形长椭圆形或长椭圆披针形，顶端渐尖形，叶缘疏齿状或全缘。花单性，雌雄异株，花朵单生于叶腋，呈下垂状。花被片有腺点，通常排成2~3列。果聚生成圆球形，浆果熟时呈紫红色，多浆。花期3—8月，果期7—11月。根及茎主治蛇咬伤，有止渴、解热、镇痛之效。种子破碎后有香气。

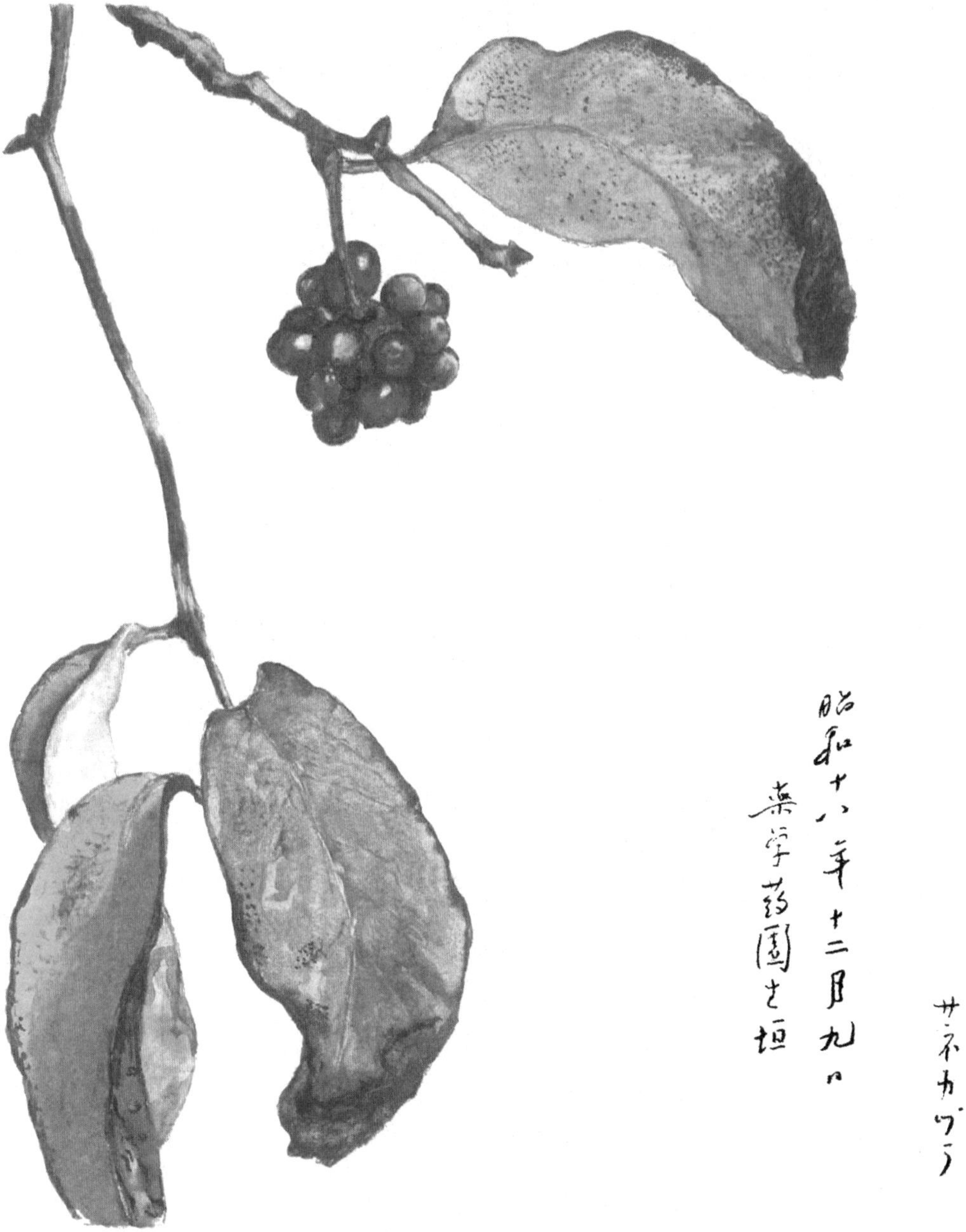
サネカヅラ
昭和十八年十二月九日
薬学薬園之垣

南天竹

南天竹。小檗科，南天竹属。又名南天竺、玉珊瑚、野猫伞。常绿小灌木。茎少分枝；2～3回羽状复叶，椭圆状披针形叶子互生，冬季常变红色；春夏季开白花，圆锥花序；果实为球形，熟时为红色，宿存。种子扁圆形。花期3—6月，果期5—11月。其全株有毒，若误食会产生全身兴奋、肌肉痉挛、呼吸麻痹等症状。在日本，南天竹有消灾解厄的含意，是受欢迎的年花之一。日本战国时期的武士出征前会把南天竹的叶子和盔甲保存在一起，并将南天竹枝折下插在地面，祈求出征顺利。

南天

贴梗海棠

贴梗海棠。蔷薇科，木瓜属。又名皱皮木瓜、木瓜、铁脚梨、汤木瓜、宣木瓜等。落叶灌木。高可达2m，枝条有刺；花3～5朵簇生于老枝上，花梗甚短，开花时花朵似贴附在老枝上，故名。花有猩红、绯红、淡红和白等色。花期 4 月前后。株丛呈半圆形，常先开花后长叶，或伴有少量嫩叶，色泽艳丽、株形优美，烂漫如锦，为园林中的重要花灌木。果实可药用，有舒筋活络与和胃化湿功效。

ぼけ

昭和十九年二月十三日曜日、黒山重信の蛍せ
地根・丹子の里より和ざるを、日中月当敷る
み其つ物き。石川宮を雄々承老の手曲
開花

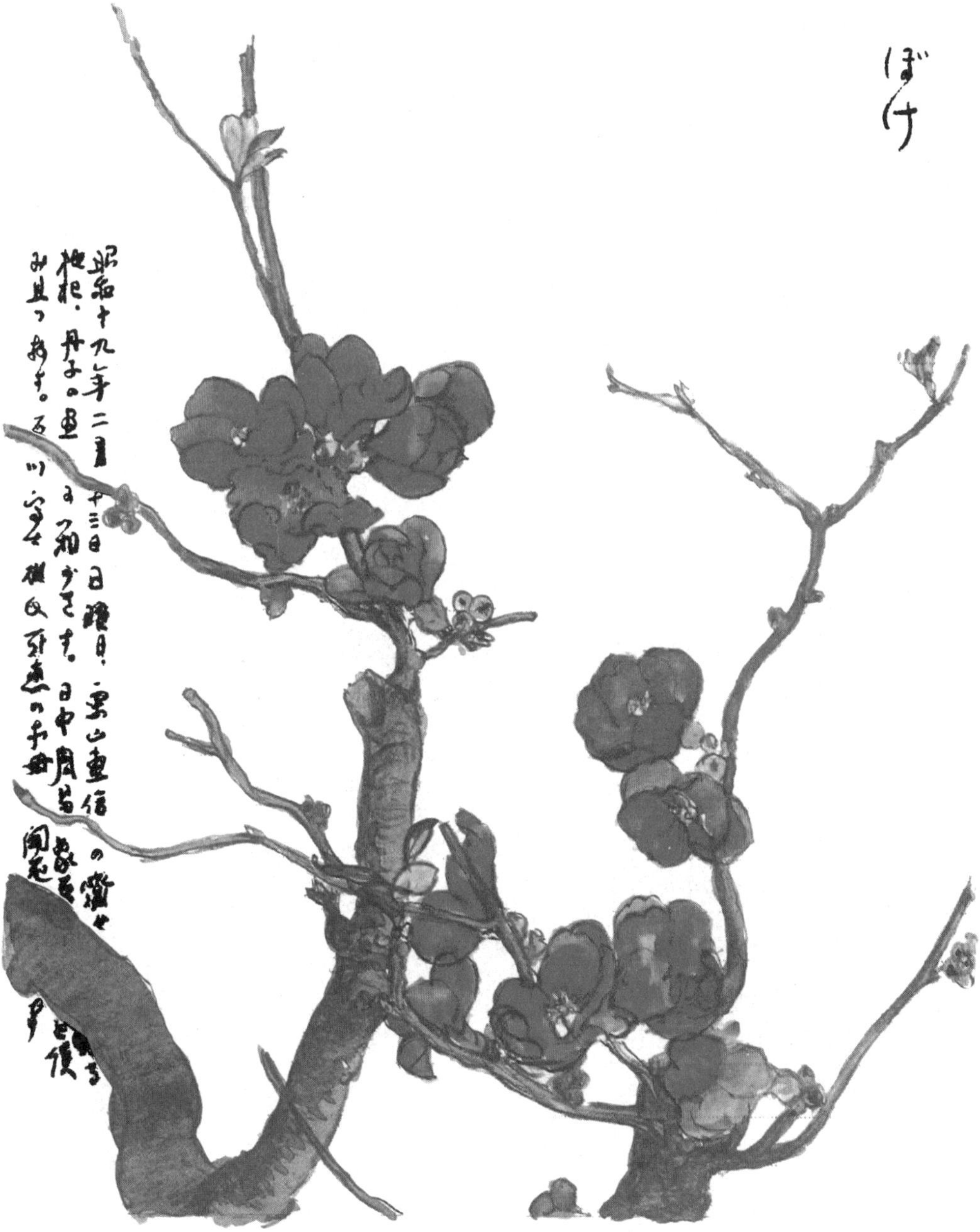

东瀛珊瑚

东瀛珊瑚。山茱萸科，桃叶珊瑚属。又名桃叶珊瑚、青木。常绿灌木。主枝直立，株高1~3m。对生椭圆形革质叶，叶长8~20cm、叶宽5~12cm，叶缘有疏锯齿。叶色浓绿有光泽，原种叶色深绿，园艺栽培多为叶片有黄色斑点的斑叶品种。雌雄异株，圆锥花序自枝端伸出。雄花序长约10cm，雌花序长2~3cm，紫红色花瓣4枚，花径约0.5cm。红色果实椭圆形，长约2cm，直径0.5~0.8cm。开花期春季，结果期冬至春季。

昭和十九年三月十八日日曜日

水柳

水柳。杨柳科，柳属。又名柳、垂杨柳。乔木或匍匐状、垫状、直立灌木。水柳为雌雄异株植物，早春开花，雌株开绿花，雄株开黄花，花无花瓣、花萼，只有雄蕊或雌蕊长于花萼状的苞片中，聚集成穗状葇荑花序。雄花穗长约4~8cm，包含雄蕊4~7枚，花药为显著的黄色，花丝的基部有毛，为黄色腺体所围绕。蒴果为纺锤形，果序长7~12cm，种子被有绒毛，即为常见的“柳絮”。柳在日本象征“依恋”，有“柳树节”。

きぬやなぎ

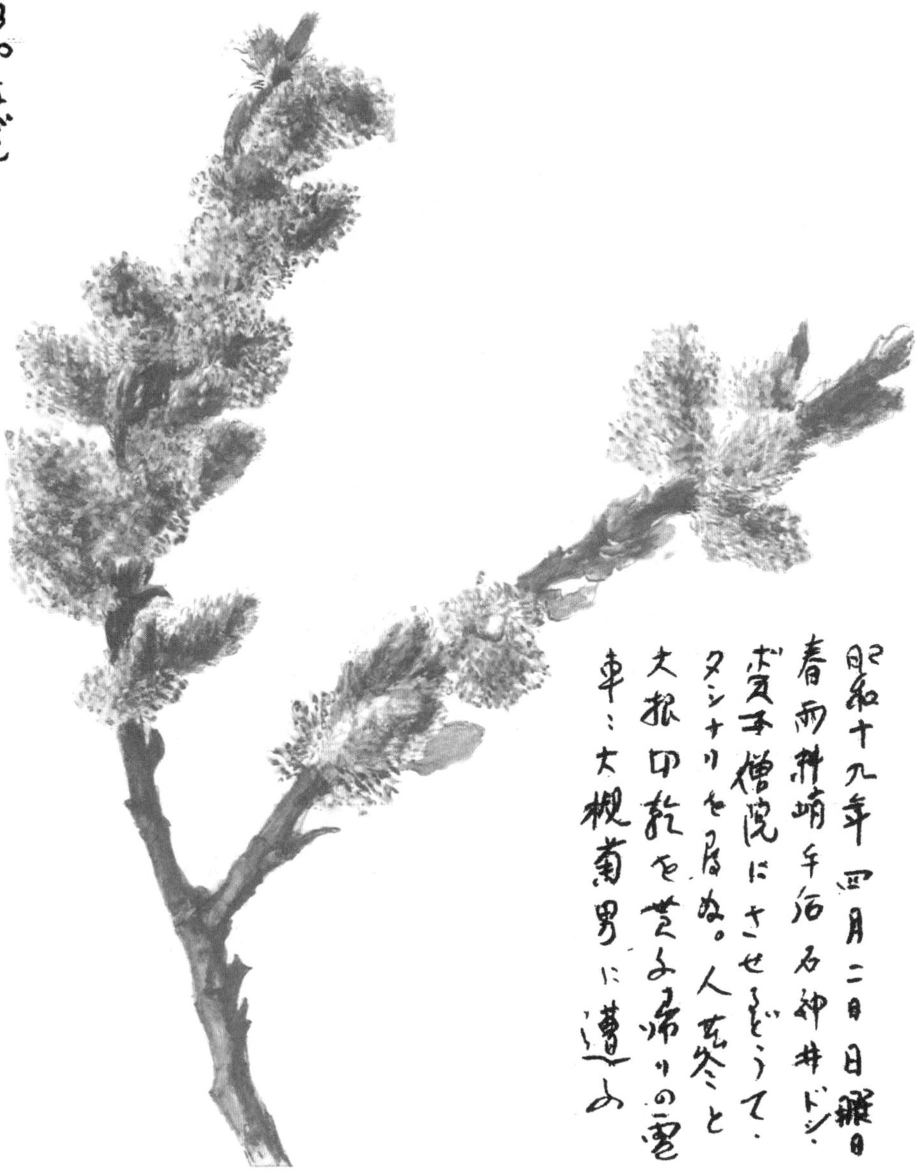

昭和十九年四月二日日曜日
春雨丹峰手古石神井ドン・
ボ賞平僧院にさせるどうて・
タンナリを得ぬ。人参と
大根切乾を貰ふ帰りの電
車ゝ大槻菊男に遭ふ

芸薹

芸薹。十字花科，芸薹属。一般也指油菜花。二年生草本植物，叶大色浓绿，嫩时可作蔬菜。开小黄花。种子可榨油供食用。茎叶、种子均可药用，有消肿散结的功效。茎直立，粗壮，不分杈或分枝。叶长18～25cm，宽4～8cm。种子多数为黑色或暗红褐色，有时亦有黄色，近圆球形，直径约3mm。花期3—5月。果期4—6月。

こまつな

昭和十九年四月八日大詔奉戴日
朝より微雨 夕六時半 攝氏十四度
染井吉野の中樹僅かに二・三輪花
を開ける見ゆ たんぽゝ、あかざ、は
こべの芽を摘み、育てて食はむが為
めなり

日本黑莓（一）

日本黑莓。蔷薇科，悬钩子属。又名荼蘼、酴醾、佛见笑、重瓣空心泡。

枝梢茂密，花繁香浓，入秋后果色变红。宜作绿篱，也可孤植于草地边缘。果可生食或加工酿酒。根含鞣质，可提取栲胶。花为优质蜜源，亦可提炼香精油。苏轼《酴醾花菩萨泉》诗："酴醾不争春，寂寞开最晚。"宋代王淇的《春暮游小园》诗："一从梅粉褪残妆，涂抹新红上海棠。开到荼蘼花事了，丝丝天棘出莓墙。"

花期6—7月。

かぢいちご

明朝飛行機ニテ上海ヘ向フ
行李準備済ミテ之ヲ画ク
夜九時インパアル攻撃ノラヂオ

昭和十九年 四月十八日 西片町

日本杉苔

日本杉苔。又名大杉苔。金发藓科，苔藓属。植株大，生长密集。茎单一直立，高5～20cm，不分枝。整体呈绿色或黄绿色。叶片湿润时散开，干燥时柔贴，狭长披针状，边缘有锯齿。大杉苔是苔藓植物中相对比较高大的一种，在苔藓盆景中主要作点缀种植，如在微景观中充当“大树”。在日本的苔藓园艺中，则常用于庭院种植。

昭和十九年四月十九日、水
海軍省徴用飛行機にて
福岡を経て上海に赴かんと
し、午前十一時、バス、羽田より
出る。雲多く
雨霧止まず難
航となり帰宅す

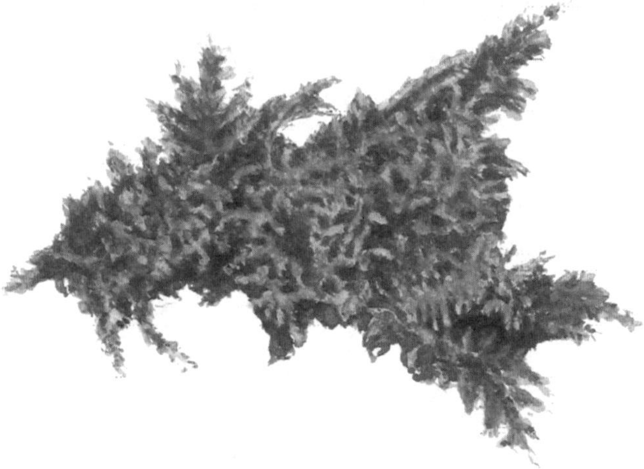

灯心草

灯心草。又名灯芯草。灯心草科，灯心草属。多年生草本水生植物，地下茎短，匍匐性，密生须根，秆丛生直立，圆筒形，实心，高 40~100cm，直径0.2~0.4cm。表面白色或淡黄白色，有细纵纹。体轻，质软，略有弹性，易拉断，断面白色。无臭，无味。叶生于茎基部，叶身无或退化呈芒状，仅留基部。蒴果卵形，长约0.22cm，黄褐色；种子黄色，倒卵形，前端紫黑色，长约0.05cm。花期5—6月。果期 6—7月。可入药，治心烦失眠、淋症、小便不利。

すゞめのやり

昭和十九年四月廿日福岡ノ旅舎デ此
写生ヲシテ居ルト 突然ノ扉外ニ音シテ
室内ノ暗イ電燈ガ消エタ時ハ
午后十時半デ アッタ

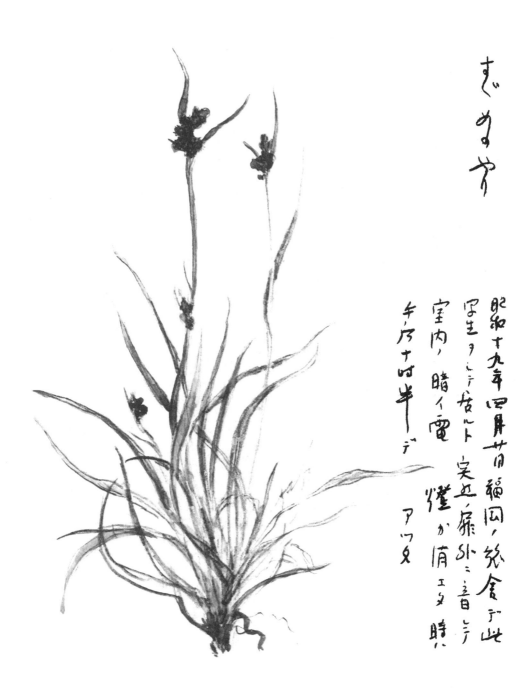

苦苣菜

苦苣菜。菊科，苦苣菜属。又名苦菜、小鹅菜。一年生或越年生草本植物，生长于海滨、平地郊野及中海拔山路边。苦苣菜植株高达1m左右，分枝幼嫩部分具有腺状毛，茎柔软而中空。茎叶及花序均具有白色乳液，叶子呈不规则羽状，基部抱茎，叶背稍带粉白，头状花由黄色舌状花构成，属暖季草，春至秋季萌芽开花。

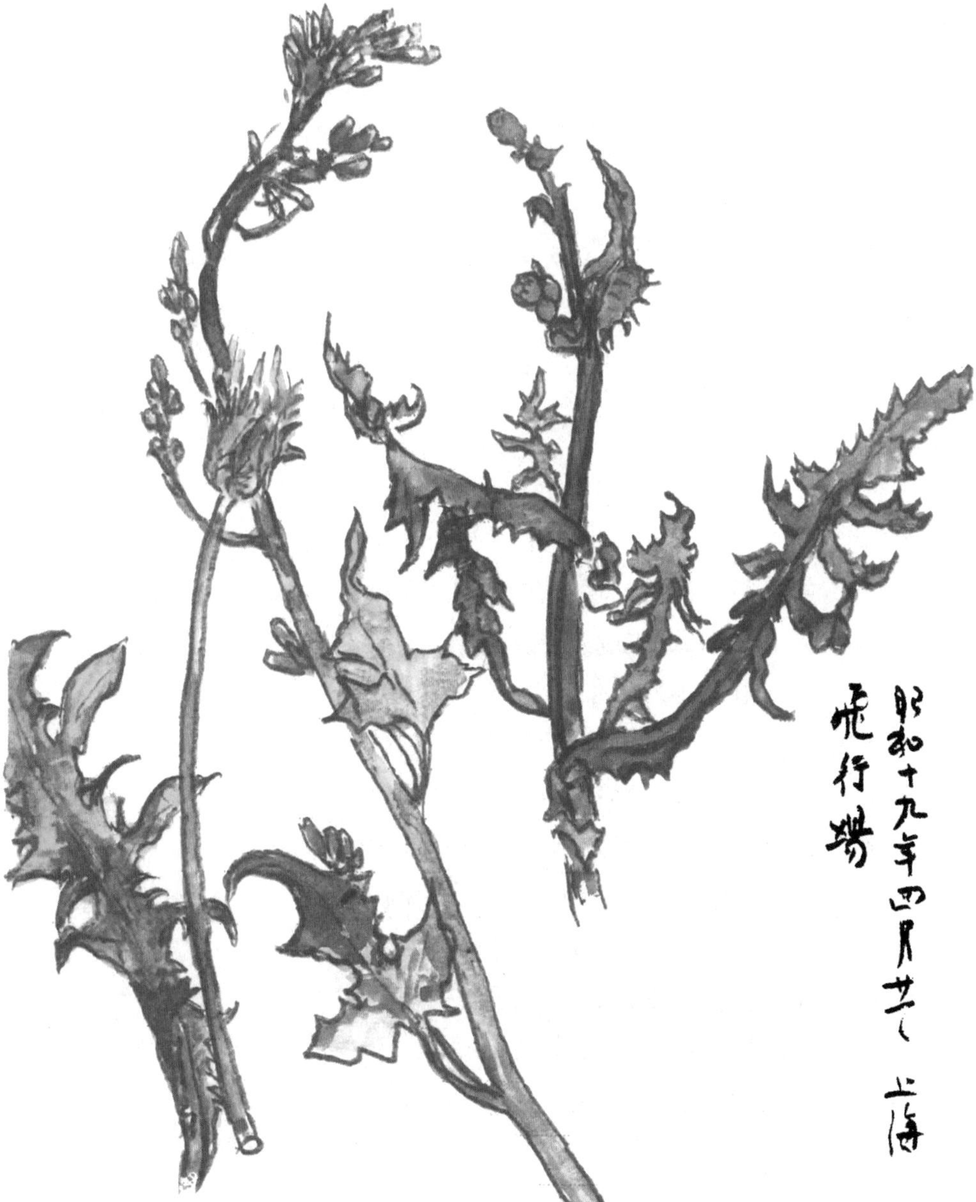
昭和十九年四月廿七 上海
飛行場

三针松

三针松。松科，松属。又名白皮松、白骨松、白果松、虎皮松、蟠龙松。原产于中国东北和中部。树高可达15～25m。表面光滑，灰绿色树皮逐渐呈圆形脱落，显示出浅黄色斑块，随着日照变成黄褐色、红色，或紫色。叶子为针状，三针一束，表面光滑呈绿色，6~9cm长，2mm宽。球果呈卵圆形，深棕色并有少量种鳞。种子6～8mm长。白皮松是一种重要的观赏树种，主要因其具装饰性的树皮而栽培，许多人认为白皮松是所有松树中最美丽的树种。

三葉松、昭和十九年
四月廿五日南京
中日文化協会庭
園に餘植として
あり

竹叶兰

竹叶兰。兰科，竹叶兰属。别名鸟仔兰、苇草兰。日本又名紫兰。植株高40~80cm，有时可达1m以上。茎直立。叶片禾叶状，长条形。总状或圆锥状花序，顶生，具2~12朵花；花大，紫红色、粉红色或近白色。花果期为9—11月或1—4月。多年生植株，可以长成一大丛，形态高似芦苇，当茎顶开花时，形似粉红小鸟飞踞枝头，随风晃动，异常美丽。

日本の紫蘭とは珠る

昭和九年四月廿八
八〇四〇立行忠
研宮序

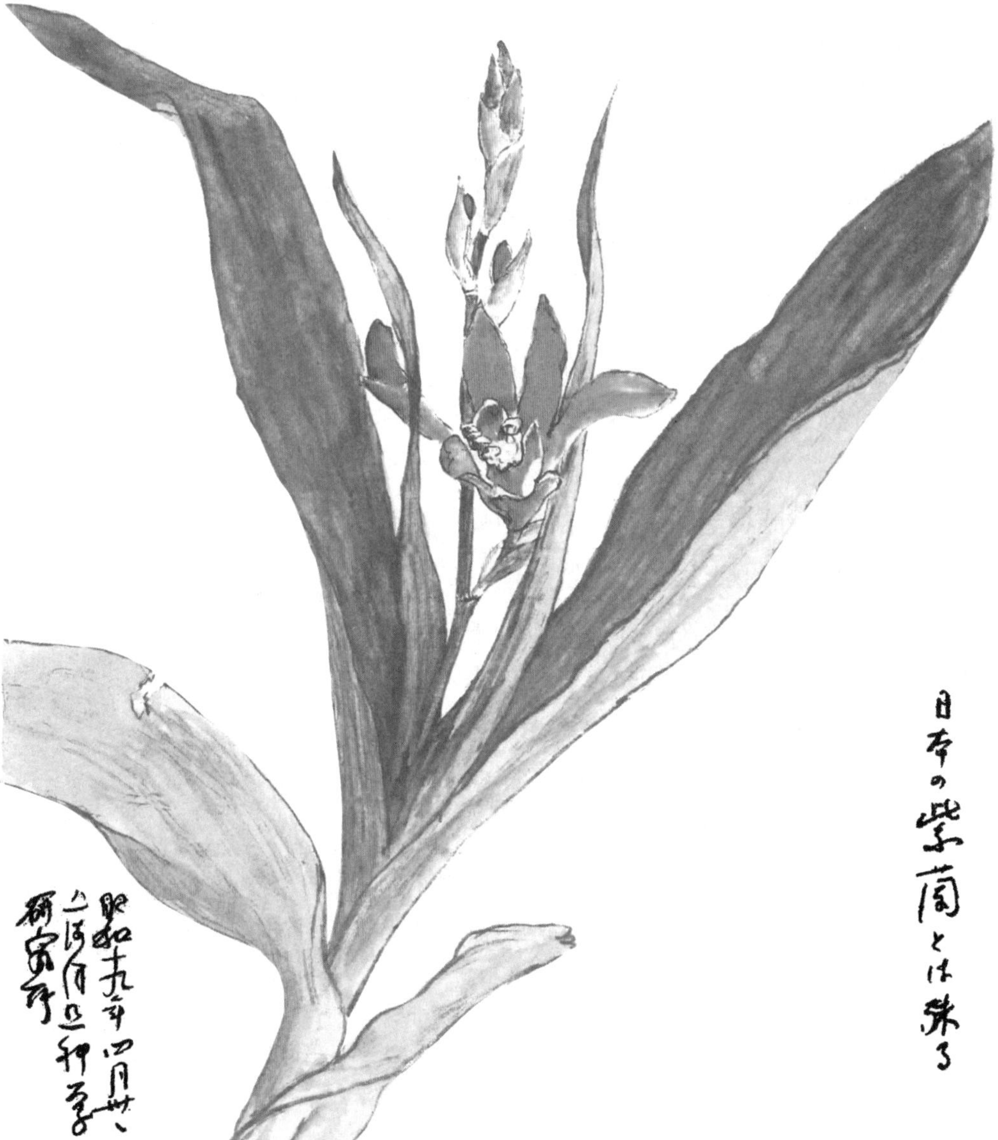

长叶车前

长叶车前。车前科，车前属。又名窄叶车前、欧车前、披针叶车前。多年生草本植物，株高5～50cm，根深可达60cm左右。根茎粗短，叶基生呈莲座状，叶片披针形或椭圆状披针形，叶柄基部有细长毛，叶片两面无毛或稍有毛。花药椭圆形，白色至淡黄色。蒴果椭圆形，近下部周裂。果内有种子1～2粒，黑色，腹面内凹，有光泽。花期5—6月，果期6—7月。

昭和十九年五月二日午后零时
十分在岛

木香花

木香花。蔷薇科，蔷薇属。又名蜜香、青木香、五香、五木香、南木香、广木香。攀缘小灌木，高可达6m；小枝圆柱形，无毛，有短小皮刺；小叶3～5片，叶片椭圆状卵形或长圆披针形。生长于海拔500～1300m的溪边、路旁或山坡灌丛中。花期4—5月。春末夏初，洁白或米黄色的花朵镶嵌于绿叶之中，散发出浓郁芳香，令人回味无穷；到夏季，其茂密的枝叶又为人遮挡毒辣的烈日，带来阴凉。

木香

杜松

杜松。柏科，刺柏属。又称欧刺柏、璎珞柏。常绿灌木或小乔木，高达10m。大枝直立，小枝下垂。其叶为刺形条状、质地坚硬、前端尖锐。果熟时呈淡褐黄色或蓝黑色，被白粉。种子近卵形，顶尖，隐见四条棱。欧刺柏种子经常在文学作品中出现，中国的翻译家不知道这种植物的名称，因其类似于小松树，故起名“杜松”，将其果实称为“杜松子”。以杜松子为调味料所酿造的酒被翻译成“杜松子酒”，是种在欧洲非常受欢迎的烈酒。

Juniperus

ねず

昭和十九年 五月四日 北京侯佑

榆树

榆树。榆科，榆属。又名春榆、白榆等。榆科落叶乔木。幼树树皮平滑，灰褐色或浅灰色；大树一般高约25m，树皮粗糙。榆树的叶呈椭圆形或椭圆状披针形，叶长2~8cm、宽1.5~2.5cm，叶面两面均无毛。叶侧脉有9~16对，叶缘有单锯齿，很少有重锯齿。聚伞花序，花被钟形，开4~5瓣，每朵花有雄蕊4~5条。翅果近圆形或宽倒卵形，果皮表面无毛，顶端凹缺。内藏种子，果核位于近翅果中部，很少接近凹缺处；果柄长约2mm。具药用及食用价值。

のにれ

昭和十九年五月八日奉天
奉天市の一隅に満人梯子をかけて
楡の葉を採るを看たり。此葉食ふ
べく、其実は之を噛み試むるに微に甘し。

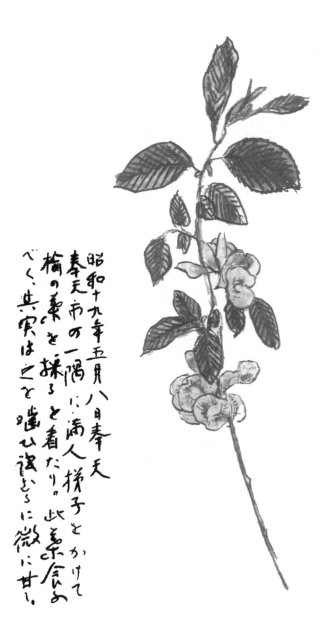

杜鹃花

杜鹃花。杜鹃花科，杜鹃花属。亦称“映山红”。杜鹃花种间的特征差别很大。大多数杜鹃花为灌木，少数生长在喜马拉雅山区的杜鹃花为乔木，最高可达20～30m。花顶生，花数不一，核花骨朵颜色丰富多彩。通常为5瓣，在中间的花瓣上有一些比花瓣略红的红点。通常在春、秋两季开花。杜鹃花的生命力极强，既耐干旱又能抵抗潮湿，无论是强烈阳光或树荫下都能适应。部分杜鹃花品种有毒性。

おほむらさき（りうきう） Rhododendron Ohsakadzuki, Komat.
昭和十九年五月十九日
金曜日 室冷 秋雨の
如し。華氏六十度

现代月季花

现代月季花。蔷薇科，蔷薇属。大多数为常绿或半常绿直立灌木，株高可达2m。羽状复叶，小叶3～5片，通常具钩状皮刺，卵状椭圆形，长2.5～6cm。花常数朵簇拥，单瓣或重瓣。花色很多，常见的有红、黄、白、粉、紫等色。果卵形至球形，长1.5～2cm。此花为著名观赏花，芳香浓厚，盆栽适合室内，也可以切花插瓶，同时也常常被栽种于庭院、公园、绿地。

昭和十九年五月廿六日

蜀葵叶薯蓣

蜀葵叶薯蓣。薯蓣科，薯蓣属。又名龙骨七、穿山龙、细山药。多年生草质藤本。最初生长时有稀疏硬毛。根茎圆柱形，直径1～2cm，表面黄色或灰棕色。叶互生，掌状心形，长6～14cm，宽5～11cm。花小，单性，雌雄异株；雄花序单生，或2～3枚丛生叶腋，有柄，常2～3朵集成小聚伞花序；雌花序穗状，单生，或2～3枚丛生叶腋，有花40朵或更多，花被6片，舌状。蒴果倒卵形，棕黄色有光亮，长约2.5cm，基部狭圆，中间微凹。种子椭圆形，具薄膜质翅。花期6—8月，果期7—9月。

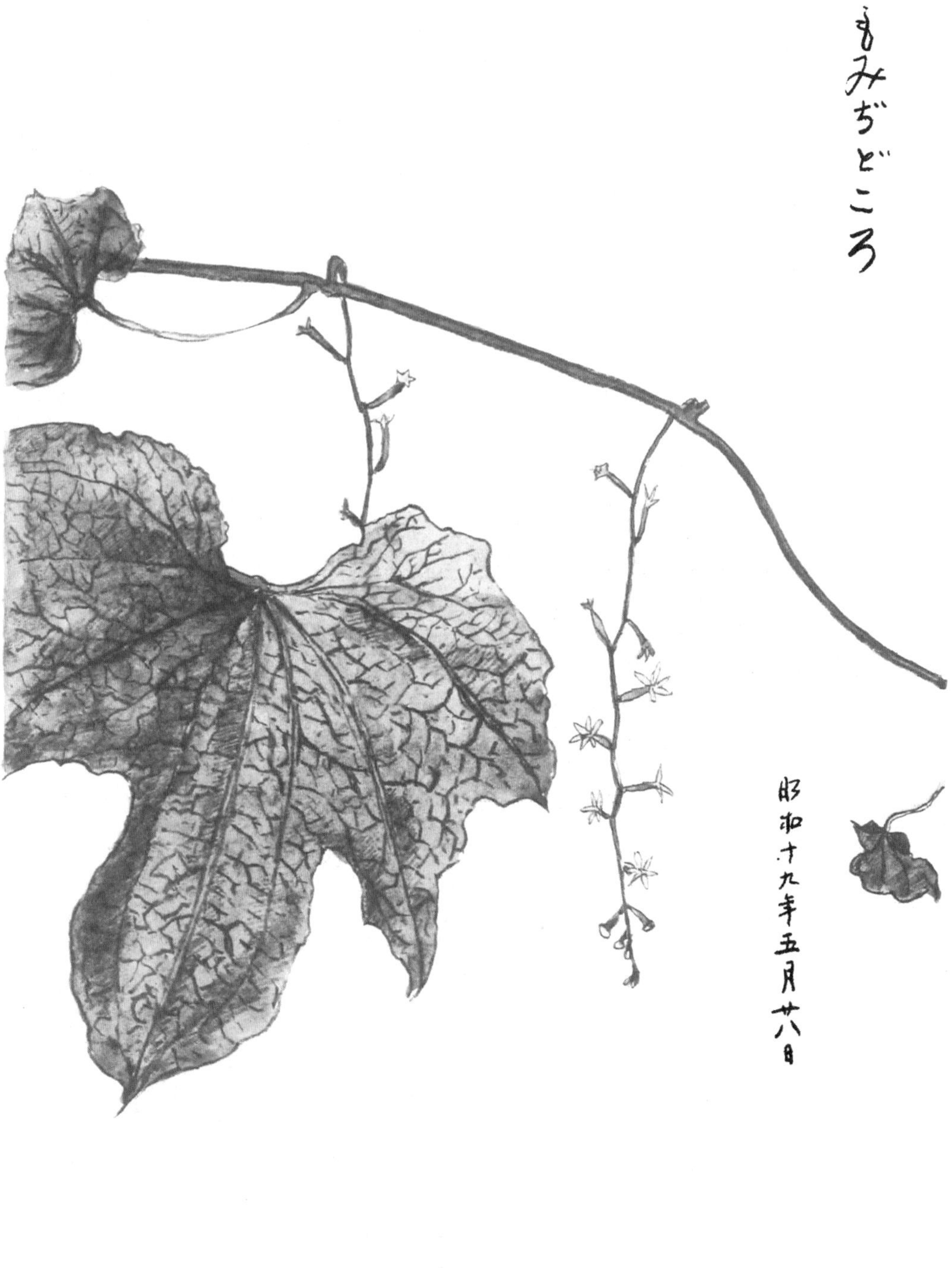
もみぢどころ
昭和十九年五月廿八日

蛇莓

蛇莓。蔷薇科，蛇莓属。又名蛇泡草、龙吐珠、三爪风、鼻血果果、珠爪、蛇果、鸡冠果、野草莓、地莓等。多年生草本植物。全株有柔毛；匍匐茎长。复叶，小叶三枚。夏季开黄色花，花单生叶腋。果实为聚合的暗红色瘦果。花托至果期膨大呈头状，海绵质，红色。花期6—8月，果期8—10月。

やぶへびいちご

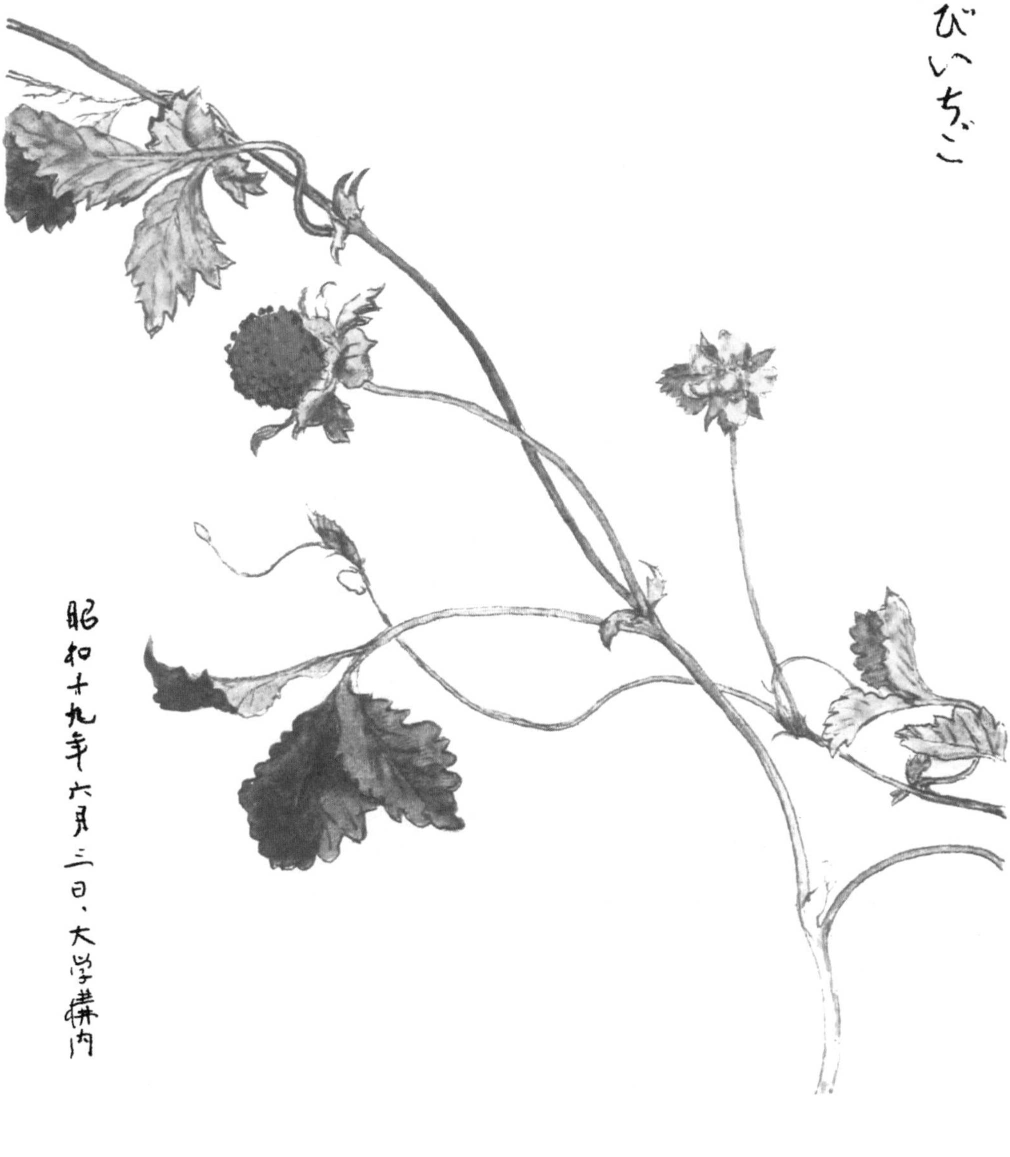

昭和十九年六月三日、大学構内

日本黑莓（二）

日本黑莓。蔷薇科，悬钩子属。又名荼蘼、酴醾、佛见笑、重瓣空心泡。

枝梢茂密，花繁香浓，入秋后果色变红。宜作绿篱，也可孤植于草地边缘。果可生食或加工酿酒。根含鞣质，可提取栲胶。花为优质蜜源，亦可提炼香精油。苏轼《酴醾花菩萨泉》诗：“酴醾不争春，寂寞开最晚。”宋代王淇的《春暮游小园》诗：“一从梅粉褪残妆，涂抹新红上海棠。开到荼蘼花事了，丝丝天棘出莓墙”。

花期6—7月。

注：此处日本黑莓与前处（P.125）日本黑莓为同一品种，绘画反映的是不同时期的生长形态。

かぢいちご
昭和十九年六月十三日

二球悬铃木

二球悬铃木。悬铃木科，悬铃木属。别名英国梧桐、槭叶悬铃木。落叶大乔木，可以生长至40m。树皮经常脱落，露出光滑的树干。树叶大。雌雄同株，球形花序，生成成对球状小坚果悬挂在树上。坚果之间无突出绒毛，或有极短毛。花期4—5月，果期9—10月。该种是三球悬铃木与一球悬铃木的杂交种。日本枫一般指槭属植物。此处绘者将枫与二球悬铃木混淆。

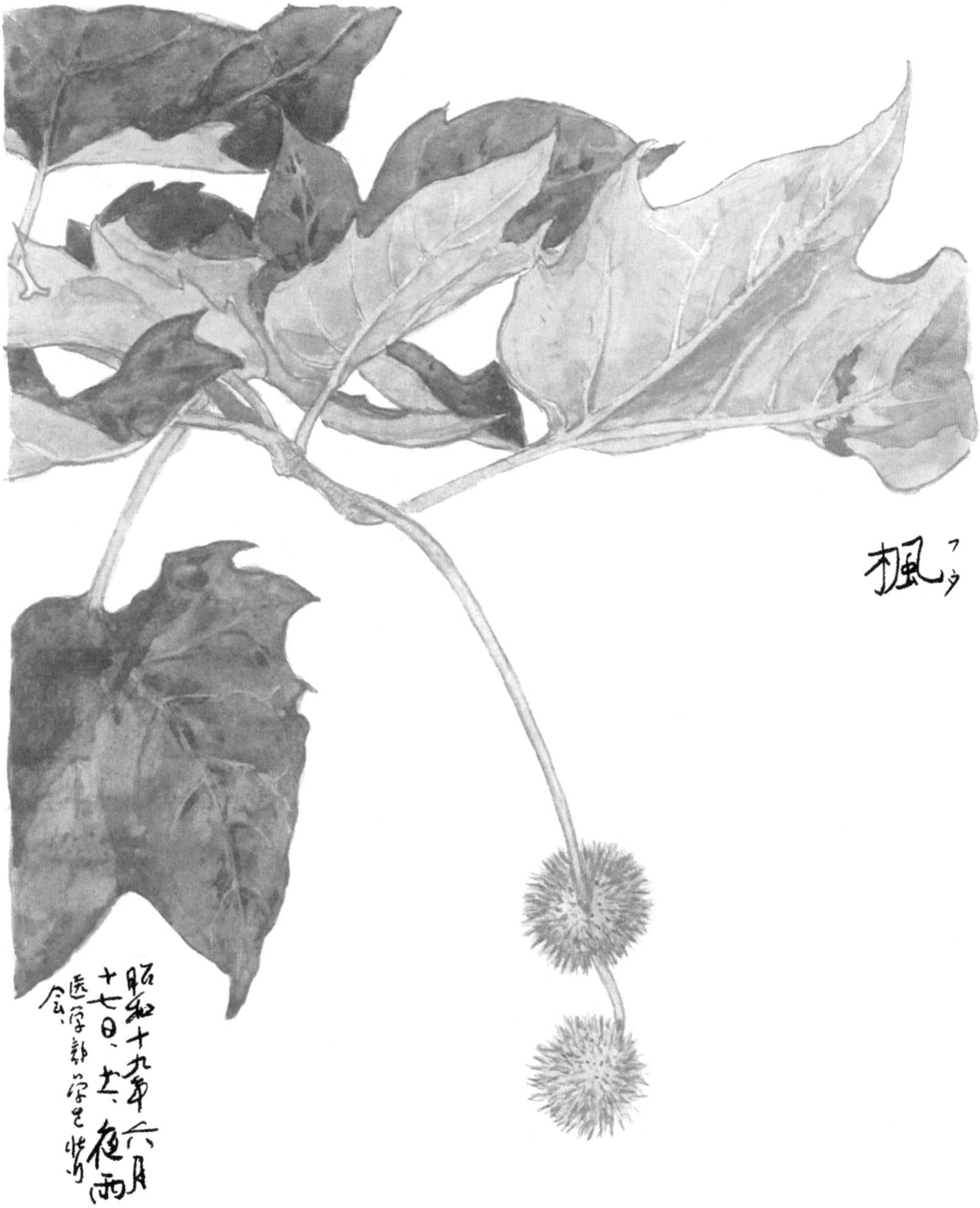
楓 フウ
昭和十九年六月
十七日、土、夜雨
医学部学生

花菖蒲

花菖蒲。鸢尾科，鸢尾属。有别于菖蒲，又名日本鸢尾花。多年生宿根挺水型水生花卉。根状茎短粗，须根多并有纤维状叶梢，叶基生，线形，叶中脉隆起，两边脉较平。花葶直立并伴有退化叶1～3枚。花的直径可大至15cm。蒴果长圆形，有棱，种皮褐黑色。花期6—7月，果期8—9月。花菖蒲在日本已有几百年的栽培历史，是日本的传统花卉之一，有丰厚的文化底蕴，深得日本人喜爱。每年6月欣赏花菖蒲是日本人的传统活动之一。

花菖蒲

昭和十九年六月十一日　午後三時

警戒解く

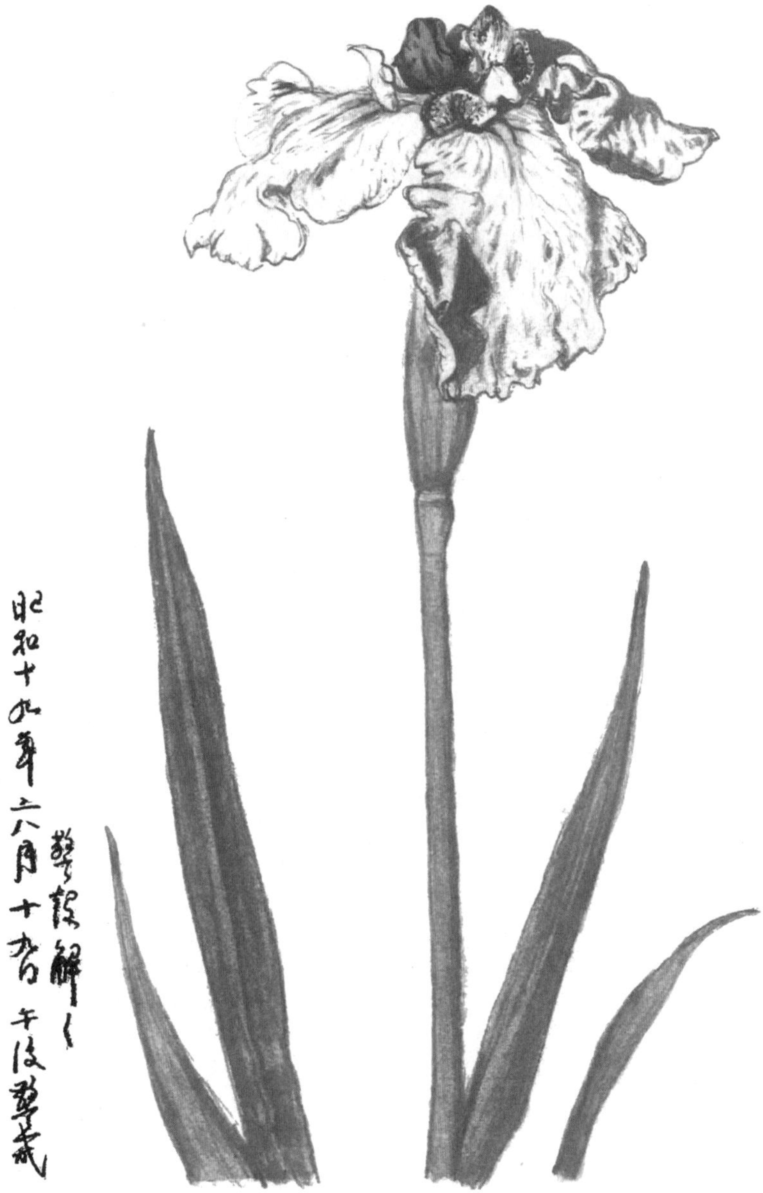

结缕草

结缕草。禾本科，结缕草属。又名锥子草、延地青。多年生草本植物。下具有横生根状茎；线形披针形叶片；初夏从叶间抽生细秆，上端成总状花序，常带紫褐色。颖果卵形。花果期5—8月。原绘图标注“芝”，源于日语铺草坪说芝を植える，剪草坪说芝を刈り込む。此物种非芝。

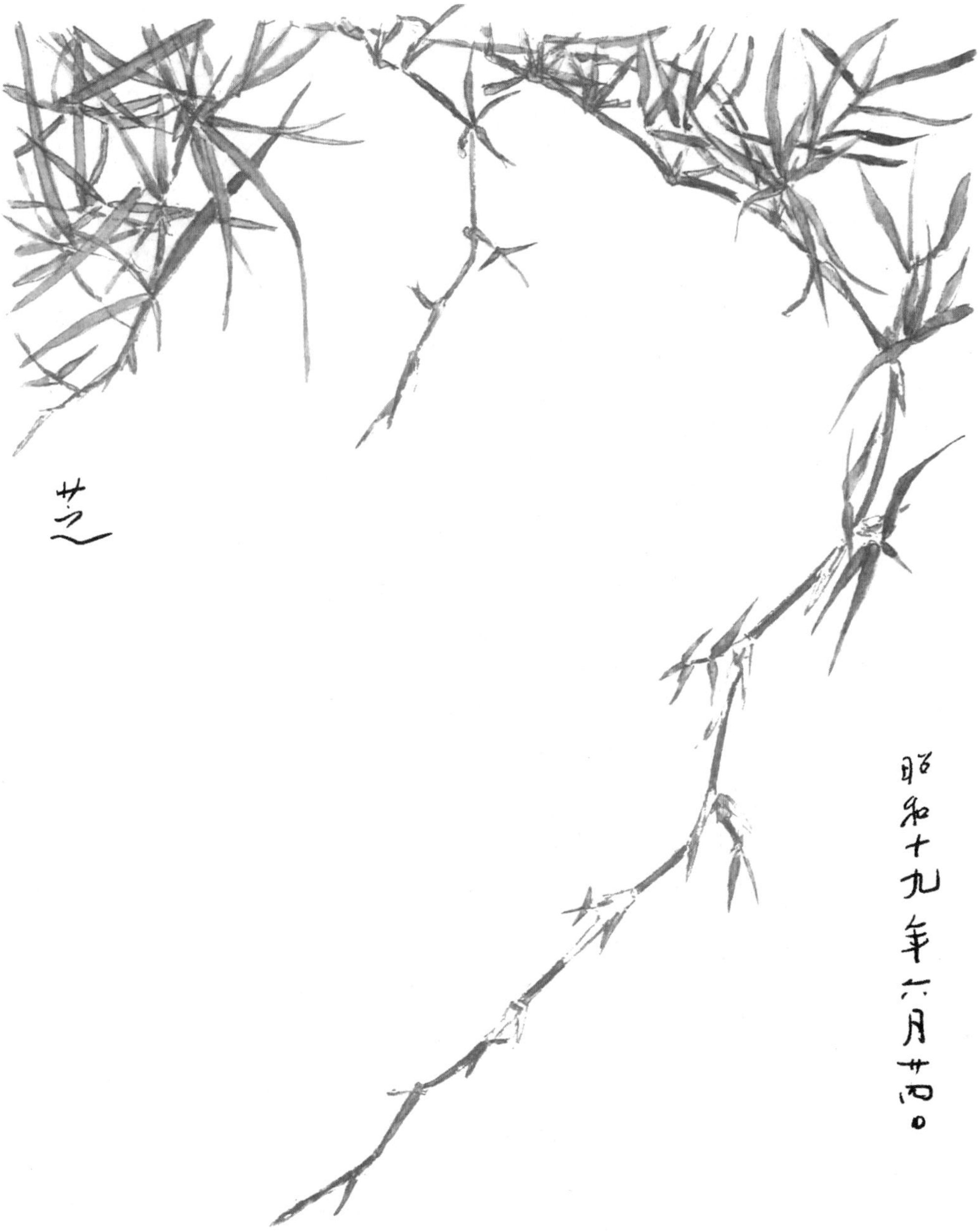
芝
昭和十九年六月廿四日

笋瓜

笋瓜。葫芦科，南瓜属。又名玉瓜、搅丝瓜、北瓜等。一年生草本植物。圆筒形茎蔓生，组织较松。叶片形状近似南瓜，而尖端圆钝，无白斑。黄色花冠前端钝圆，裂片小，萼片细长。圆筒形果实，有淡黄、橘红等色。果面平滑，黄褐或淡黄色果肉，含糖少。果柄圆而无棱，基部不膨大。

昭和十九年六月廿八日 日曜日
サイパン島玉砕
の報有り

大麻

大麻。桑科，大麻属。又名山丝苗、线麻、胡麻、野麻、火麻。一年生草本植物，根系发达，梢部有分枝；茎梢及中部呈方形，基部为圆形；皮粗糙有沟纹，被短腺毛；掌状复叶，3～13片披针形小叶，边缘有锯齿；花单性；雌雄异株；雄花为白色，花柄细长，圆锥花序；雌花小，无花柄，穗状花序；卵形坚果有棱，深绿色种子。花称“麻勃”，主治恶风、经闭、健忘。果壳和苞片称“麻蕡”，有毒，治劳伤、破积、散脓，多服致人癫狂；叶子可以配制麻醉剂。花期5—6月，果期为7月。

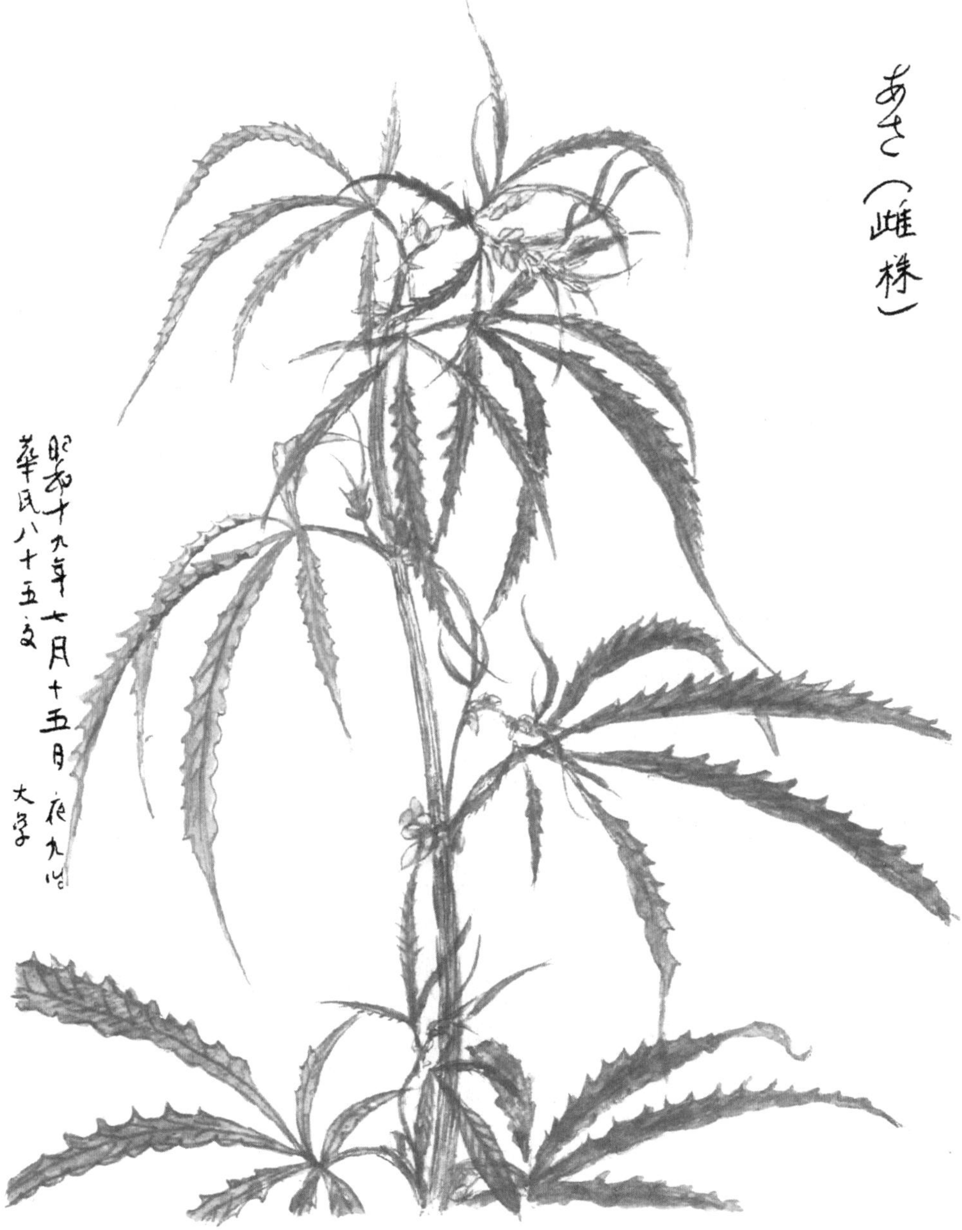
あさ（雌株）
昭和十九年七月十五日 夜九時
華民八十五叟
大学

何首乌

何首乌。蓼科，何首乌属。又名多花蓼、紫乌藤、夜交藤等。多年生缠绕性草本植物；具有粗壮块状根茎；卵状心形叶子，全缘，两面粗糙无毛，鞘筒状托叶，无缘毛，常破裂而早落；秋季开黄白色花，圆锥花序，肥厚，背部具鞘，包于瘦果外面。《开宝本草》称何首乌“黑须发，悦颜色，久服长筋骨，益精髓，延年不老”。中国古代“四仙药”（何首乌、黄精、地黄与灵芝）之一。花期8—9月，果期9—10月。

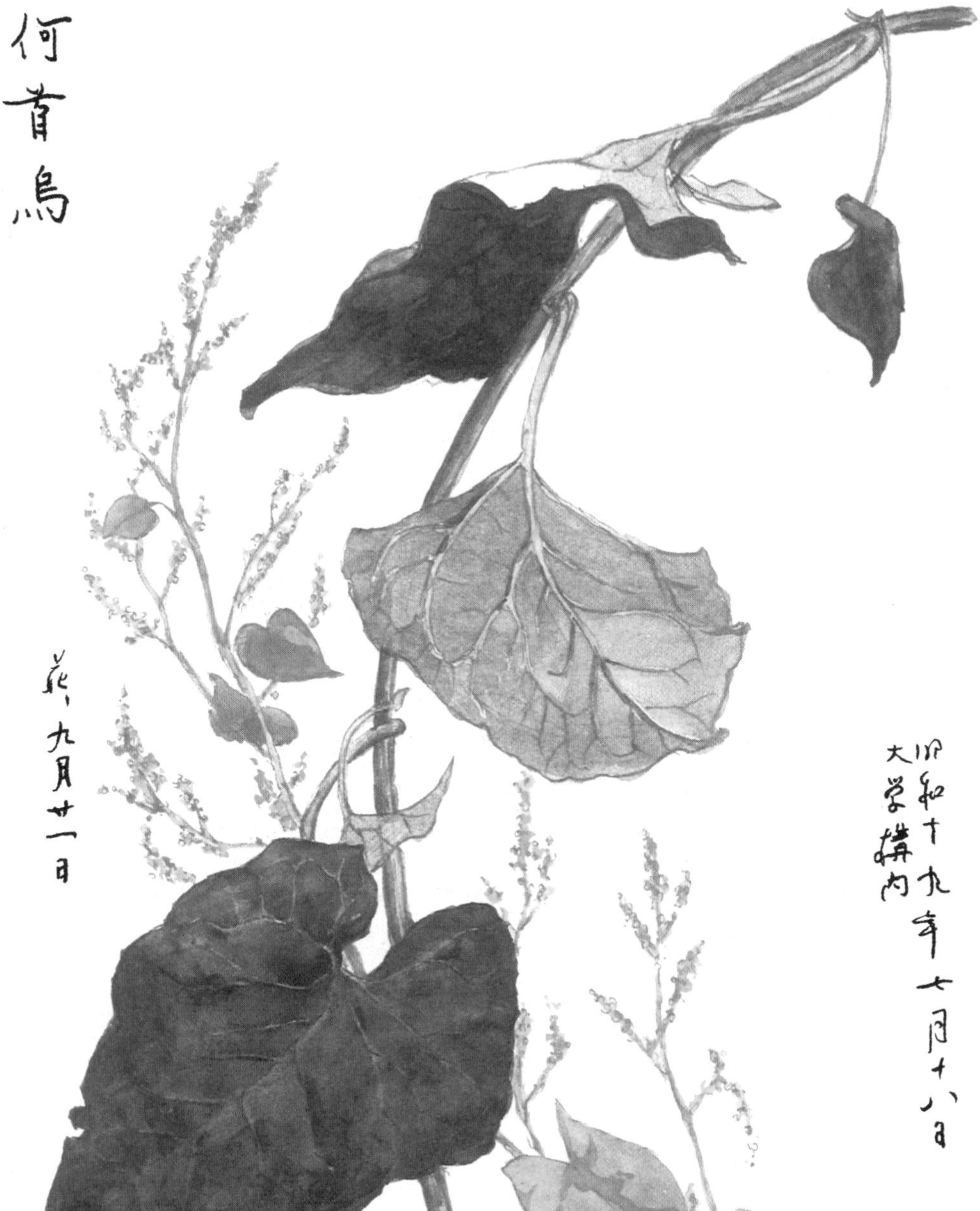

何首烏
花 九月廿一日
昭和十九年七月十八日
大学構内

金丝桃

金丝桃。藤黄科，金丝桃属。又名金线蝴蝶、过路黄、金丝海棠、金丝莲。日本称美容柳。一般为小灌木。长椭圆形叶子，对生，有无数透明油点；夏季开鲜黄色小花，雄蕊多数，基部合生为5束，花柱结成一长条，顶端五裂。花期6—7月。花美丽，供观赏。根、茎入药，有清热解毒、祛风湿的作用，可治疗蛇伤、疖肿、风湿性疼痛。

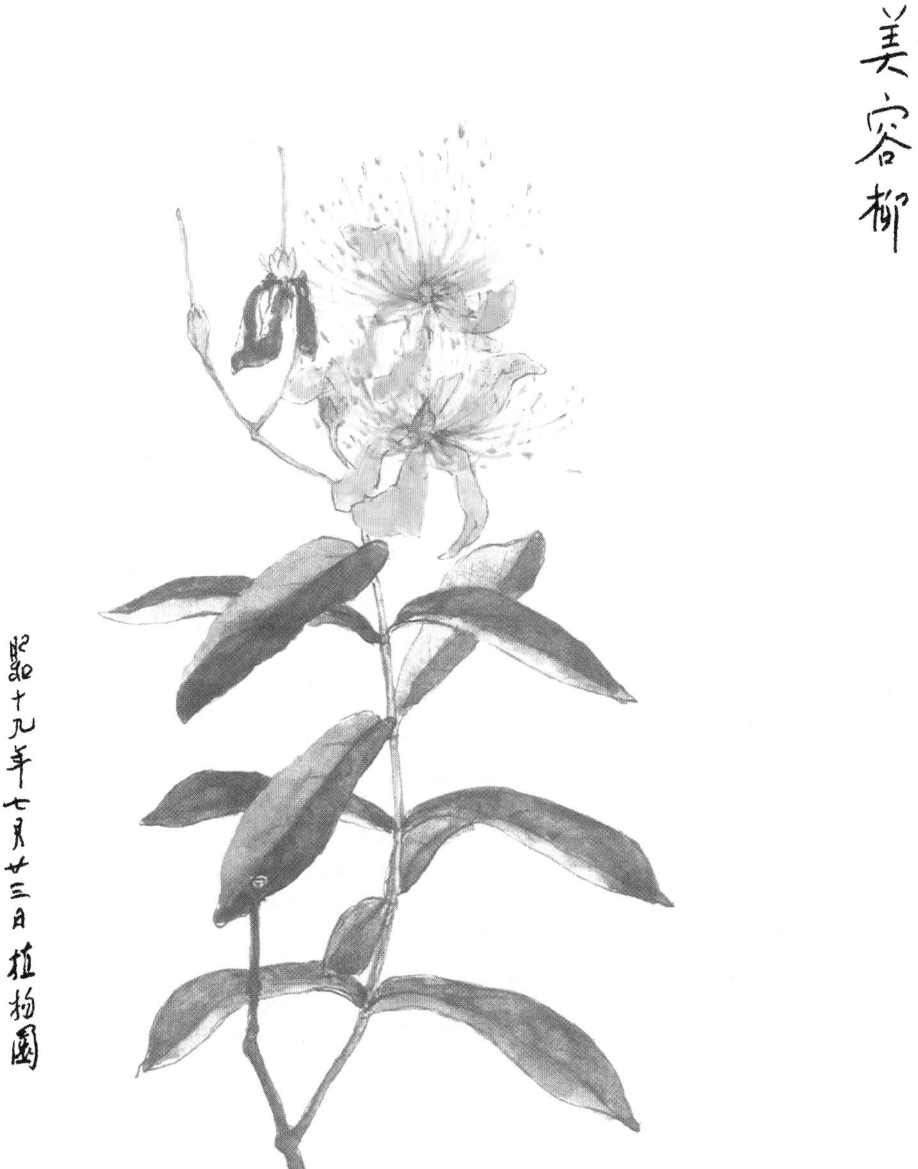
美容柳
昭和十九年七月廿三日 植物園

日本柳杉

日本柳杉。柏科，日本柳杉属。又名孔雀柳。日本特有种。高大常绿乔木，最高可达40米，红棕色树皮上有垂直条纹。叶排成螺旋形针状，0.5 ~ 1cm长；球果呈球状，直径1 ~ 2cm，每个有20 ~ 40块果鳞。雌雄不同花，开花期为每年 2 — 4 月。雄花呈圆锥形，长5mm左右，密生于枝条顶端，开花时释放大量花粉。雌花为球形，鳞片密生，鳞片表面有小刺。日本柳杉广泛种植于庙宇及神社内，且有为数甚多的参天巨木。

枳

枳。芸香科，柑橘属。灌木或小乔木。高可达5m，树冠伞形或圆头形。有粗刺。复叶，小叶3片，有透明腺点，总叶柄有翅；花有大、小二型，花瓣白色，匙形，花丝不等长。球形小果实，成熟时为暗黄色，密被柔毛；果肉少而味酸，不宜食用。花期5—6月，果期10—11月。枳曾被归于枳属之下，现在已列入柑橘属。

からたち

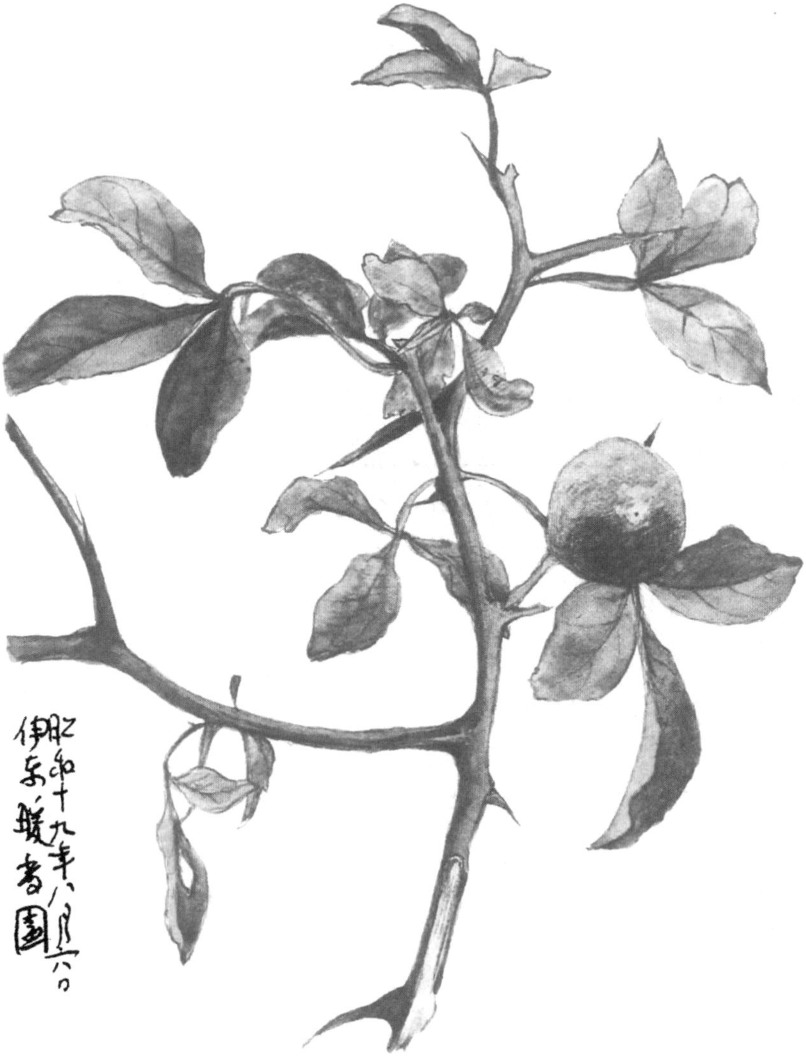

一叶兰

一叶兰。百合科，蜘蛛抱蛋属。又名蜘蛛抱蛋、大叶万年青、竹叶盘、九龙盘、竹节伸筋、箬叶、辽叶等。多年生常绿宿根性草本植物，地下根茎匍匐蔓延；叶自根部抽出，直立向上生长，并具长叶柄，叶绿色，会开花。叶子可制作粽子叶。性喜温湿、半阴环境，较耐寒，极耐阴。

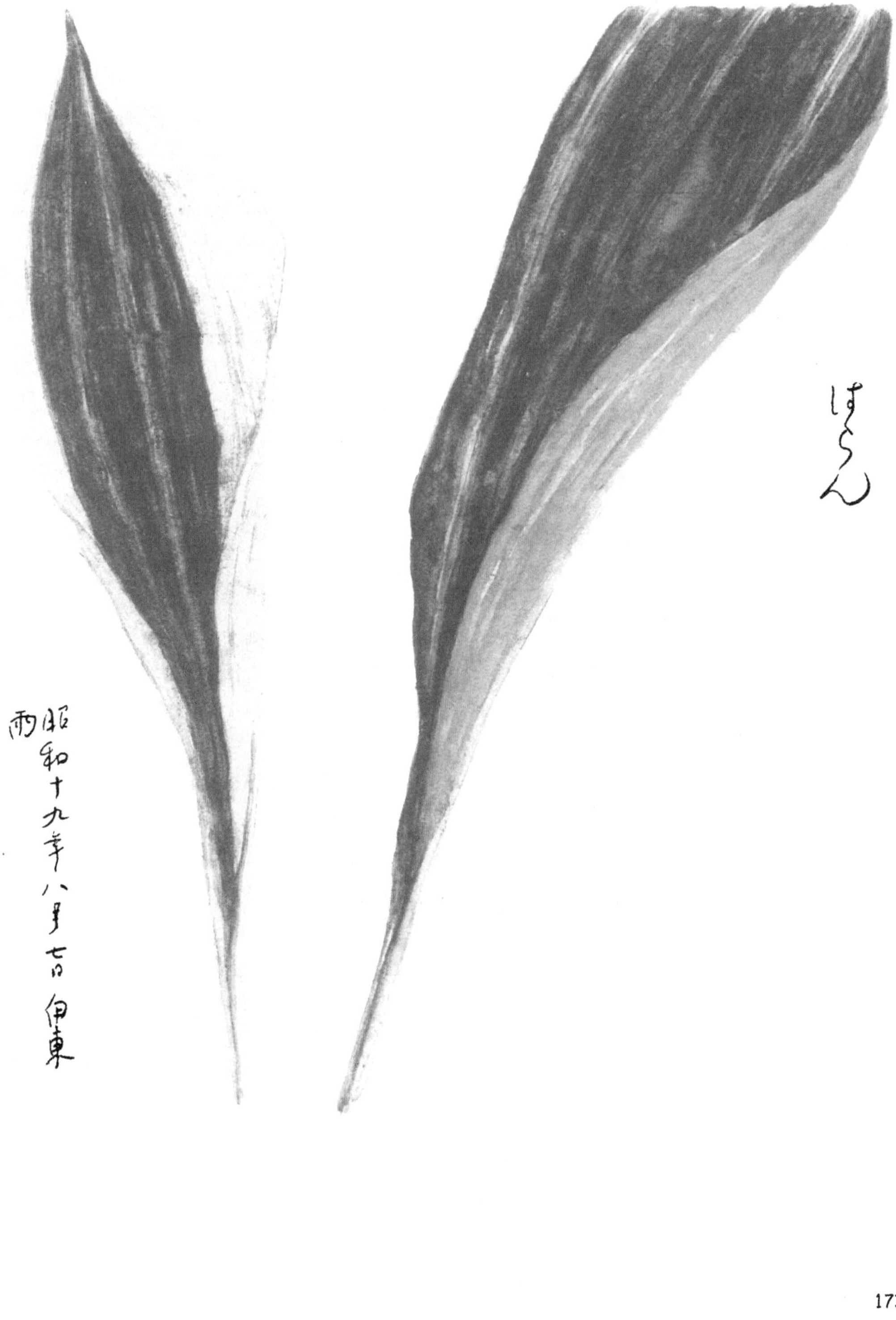
ばらん
昭和十九年八月七日 伊東
画

黄瓜

黄瓜。葫芦科，黄瓜属。又名胡瓜、青瓜、唐瓜等。一年生攀缘草本植物。茎蔓生，卷须不分岐。五角状心形叶子互生，茎和叶均长有细毛。雌雄同株异花，雌花单生或簇生于叶腋，花黄色；雌花数目较少，雄花数目多。子房深埋在花托，雌花下部所结成的细小胡瓜，就是花托和子房联合变成的果实。其果实圆柱形，通常有刺，刺基常有瘤状突起。

きうり

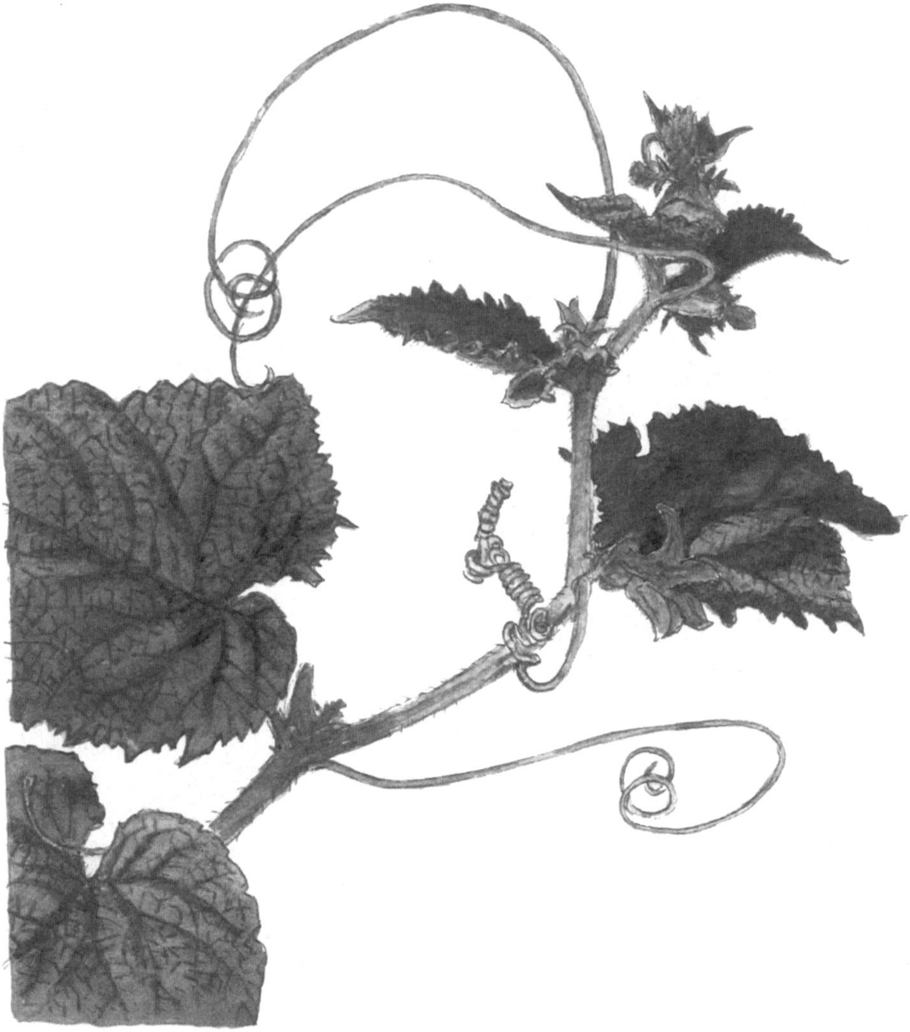

昭和十九年八月廿七
大学

番茄

番茄。茄科，番茄属。又名西红柿、蕃柿。一年生或多年生草本植物，通常分为：普通、樱桃、大叶、梨形、直立番茄5个变种。按植株分有限生长和无限生长两种类型。茎半蔓形或半直立，密被腺毛，散发特殊气味；叶片为羽状复叶深裂；总状或聚伞花序，黄色花；扁圆、圆或樱桃形浆果，红、黄或粉红色；种子灰黄色肾形，有茸毛。果肉质多汁液。

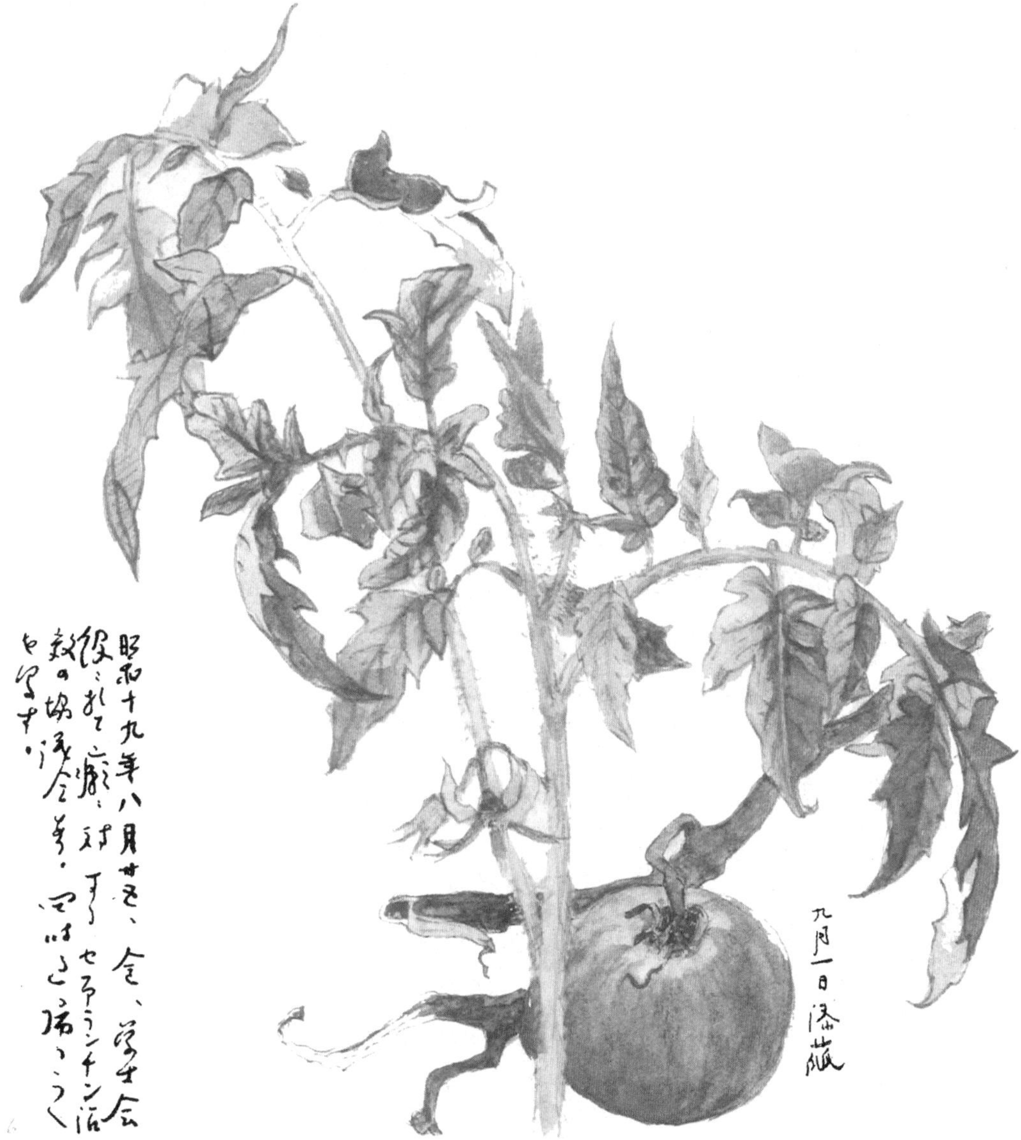
昭和十九年八月廿五、
九月一日

夕颜花

夕颜花。旋花科，月光花属。又名牵牛花，日本人称其为朝颜。一年或多年生缠绕草本植物，或称藤本植物。全株具有短毛。叶子通常三裂，基部心形。花呈白色、紫红色或紫蓝色，漏斗状，雄蕊5枚，长度不一，花丝基部被柔毛，萼片5枚，雌蕊1枚，子房3室，柱头头状。种植牵牛花，一般在春天播种，夏秋开花。其品种很多，花的颜色有蓝、绯红、桃红、紫等，亦有复色品种，花瓣边缘变化较多，是常见的观赏植物。果实卵球形，可以入药。

昭和十九年八月廿七日

茄

茄。茄科，茄属。又名矮瓜、白茄、吊菜子、落苏等。一年生草本至亚灌木，高60～100cm。主根长圆锥形，白黄色，须根多数。幼枝、叶、花梗及花萼均被星状绒毛。茎直立，绿色或紫黑色，根部木质化，上部分枝。单叶互生，卵形至矩圆状卵形，顶端钝，基部偏斜，叶缘常波状浅裂。叶脉黑紫色，网脉明显。能孕花单生，花柄长1～1.8cm，毛被较密。果的形状大小差异极大，或长或圆，颜色有白、红、紫等。

昭和十九年九月

构树

构树。桑科，构属。别名褚桃等。多年生落叶乔木。高可达10~20m。树皮呈暗灰色，小枝密被灰色粗绒毛。全缘不裂或不规则3~5深缺裂卵形叶，正面暗绿色有硬毛，边缘有粗锯齿，背面为灰绿色，密被长柔毛。初夏开淡绿色小花，雌雄异株，雄花花序为柔荑花序，长条状下垂，雌花花序为球形头状。核果聚合成聚花果，呈圆球形，肉质，果肉橙红色，内有种子。花期4—5月，果期6—7月。

かぢのき
昭和十九年九月廿て
植物園

两型豆

两型豆。豆科，两型豆属。一年生草本植物。茎细，长0.3~1.3m，长有大量朝下绒毛。叶具羽状3小叶；托叶呈披针形或卵状披针形，具明显线纹。因为多见于灌木丛，所以在日文中得名“灌木豆”。花长2cm左右，前端形状酷似蝴蝶。白色花瓣边缘呈深紫色，几朵一起开于叶腋下，并形成花絮（长有许多花的花轴），同时又开有闭锁花（闭花授粉型花朵），在地上茎、地下茎上都会开出闭锁花，十分特别。果实为鞘状荚果，成熟后对半裂开，释放出带有黑色斑点的种子，种子外形酷似鹌鹑蛋。花、果期8—11月。

やぶまめ

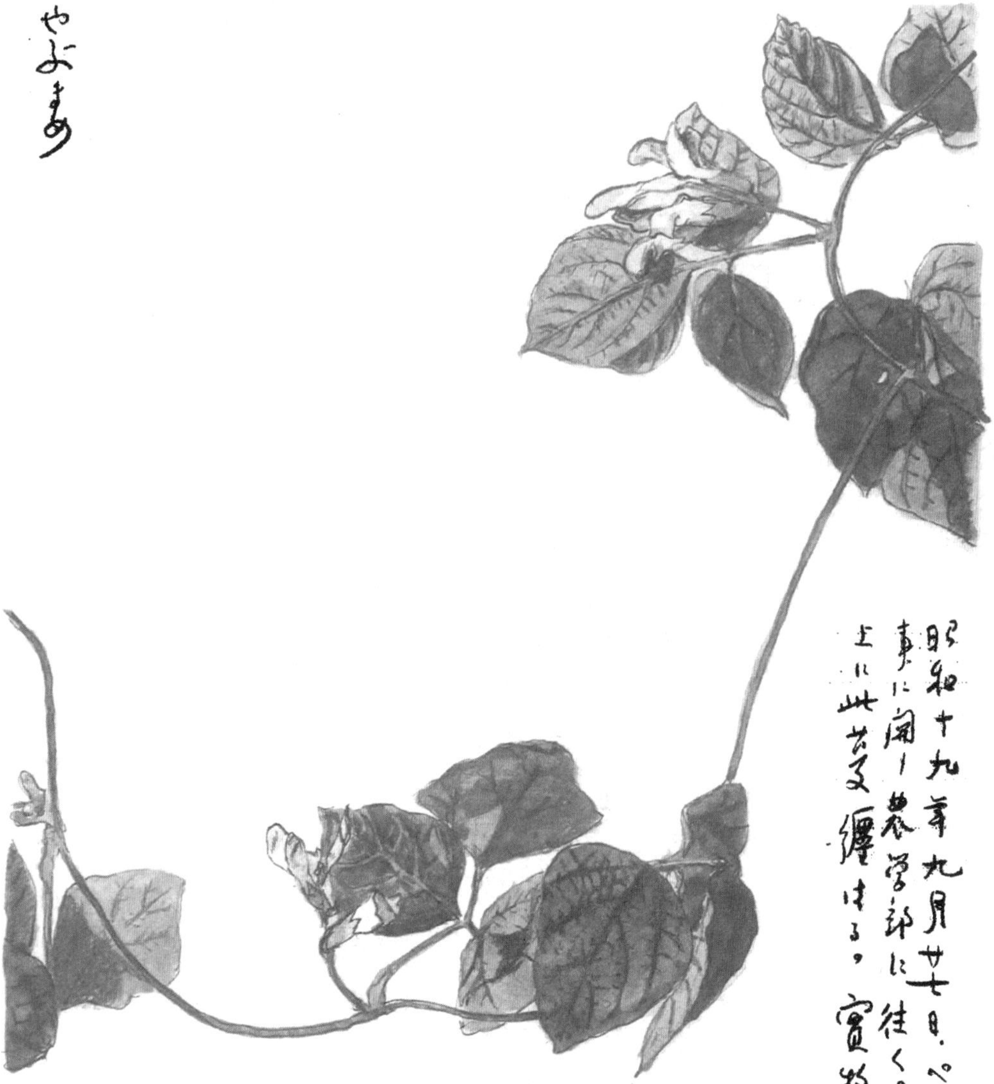

昭和十九年九月廿七日、ペニシリンの
事に關し農學部に往く。土垣の
上に此草纏はる。實物大。

糯稻

糯稻。禾本科，稻属。一年生草本植物，是稻的黏性变种。其颖果平滑，粒饱满，稍圆。糯稻脱壳的米在中国南方称为糯米，而北方则多称为江米，是制造黏性小吃，如粽、八宝粥、各式甜品的主要原料。糯米富含蛋白质和脂肪，营养价值较高。稻秆及根可作药用。为亚洲热带地区广泛种植的重要谷物。

いね Oryza sativa, L.

昭和十九年十月一日

花生

花生。豆科，落花生属。原名落花生。又名长生果、泥豆等。一年生草本植物。根部有丰富的根瘤；茎直立或匍匐，长30~80cm，茎和分枝均有棱，被黄色长柔毛，后变无毛。荚果长2~5cm，宽1~1.3cm，膨胀，荚厚。种子(花生仁)呈椭圆、圆锥等形状，横径0.5~1cm，种皮有淡红色、红色、黄色、紫色、黑色等。花果期6—8月。

なんきんまめ
Arachis hypogaea, L.
昭和十九年十月一日

草珊瑚

草珊瑚。金粟兰科，草珊瑚属。又名满山香、观音茶、九节花、接骨木等。常绿半灌木，高50～120cm。卵状叶子对生，近革质，边缘有齿，齿尖有腺体，叶柄基部合生成鞘状，托叶小；夏季开黄绿色花，穗状花序。红色球形核果。花期6月，果期8—10月。叶可提取芳香油，全草可入药，有消炎解毒、活血消肿之效。

せんりやう

昭和二十年二月十一日、紀元節、日曜日
午后警報敵一機、晴天、室内四度

忍冬

忍冬。忍冬科，忍冬属。又名金银花。多年生半常绿缠绕灌木。小枝细长，中空，藤为褐色至赤褐色。卵形叶子对生，枝叶均密生柔毛和腺毛。夏季开花，苞片叶状，唇形花有淡香，外面有柔毛和腺毛，雄蕊和花柱均伸出花冠，花成对生于叶腋，花色初为白色，渐变为黄色，黄白相映，故称金银花。球形浆果，熟时黑色。花期4—6月（秋季亦常开花），果熟期10—11月。

まんさく

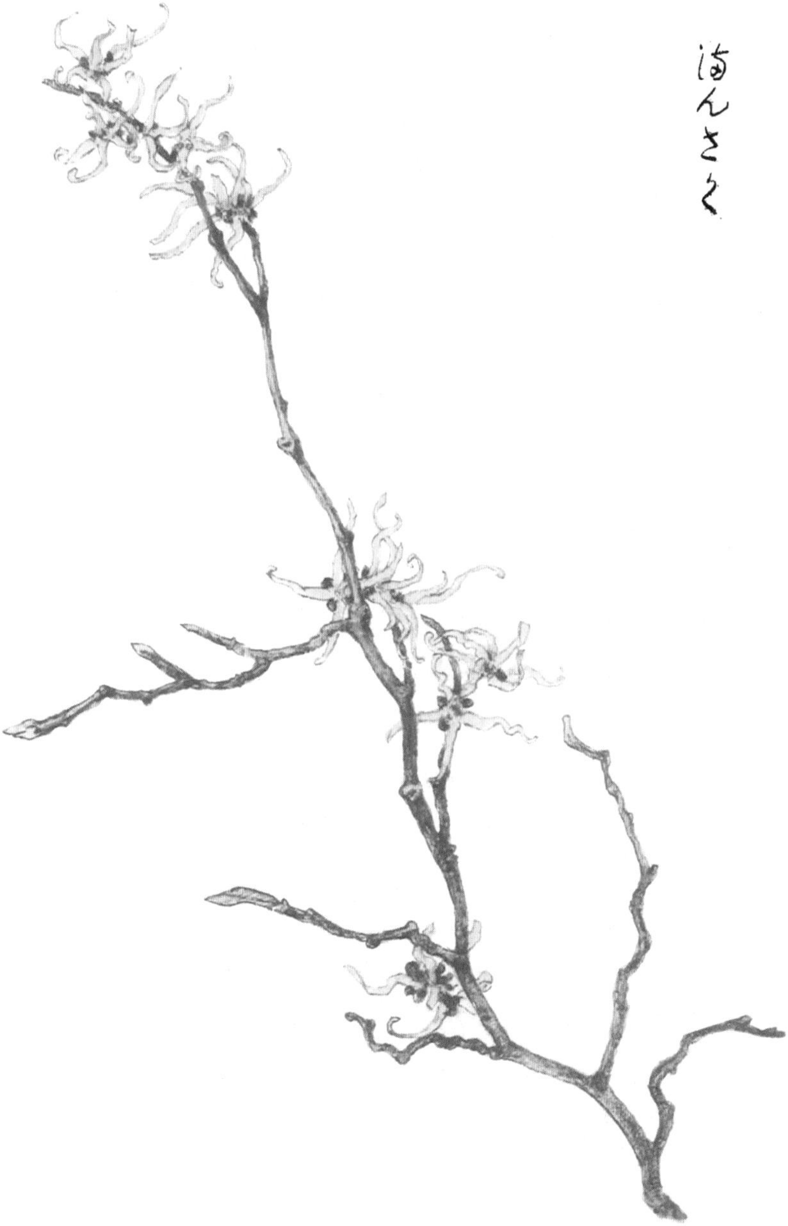

昭和十年三月廿五日 日曜日 植物園。

掌叶悬钩子

掌叶悬钩子。蔷薇科，悬钩子属。落叶灌木。茎直立，具腺毛，叶互生，边缘锯齿，有叶柄。托叶与叶柄合生，不分裂。两性花，单生，白色，花径2.5~4.0cm；5片花瓣，花萼5裂；花中雄蕊占多数，直立状；有较多心皮，着生于球形花托上。花粉黄色，近球形，具有一定黏性。果实由小核果集生于花托上而成聚合果，种子下垂，种皮膜质。花期4—5月，果期6—7月。生长于海拔2,500~3,600m地区，多生长在常绿林下、混交林内及灌丛中。

もみぢいちご

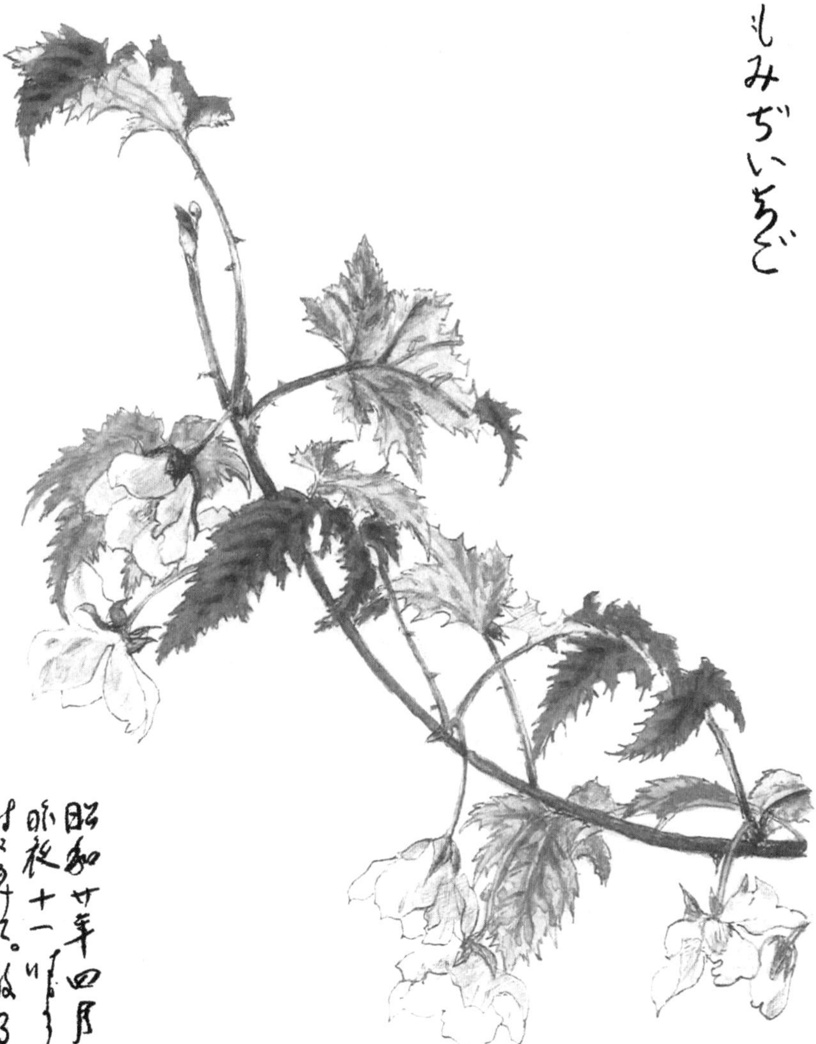

昭和廿年四月十四日。土。
昨夜十一時より今暁二時
にかけて。敵B29百数
十機帝都を襲ひ。火
災甚だ廣く同僚に
罹災の者多し。

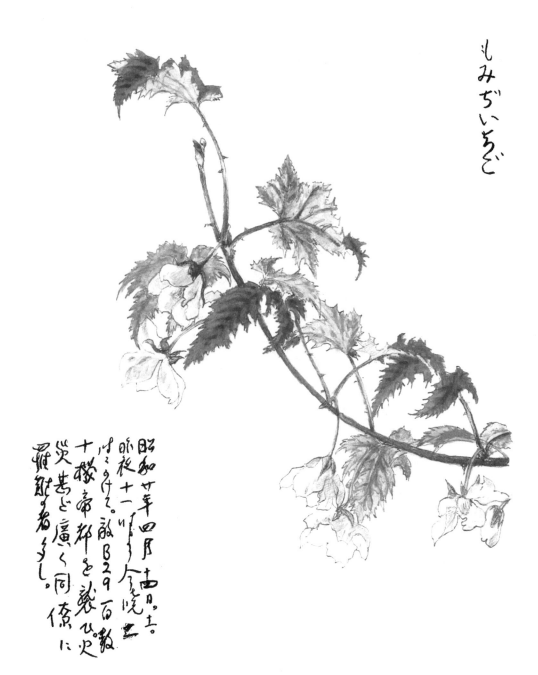

长萼堇菜

长萼堇菜。堇菜科，堇菜属。又名犁头草。叶基生，通常为三角状卵形或舌状三角形，基部宽心形，稍下延于叶柄，具两垂片，两面通常无毛，少有短柔毛，上有乳头状白点，长2.5~5cm，花后增大，有时变为头盔状；托叶革质，通常全缘。花两侧对称，萼片5片，披针形，基部附器狭长，下面两片顶端有小齿。花瓣淡紫色，5片，矩管状，长2.5~3mm。果椭圆形，长约5mm，无毛。夏季所开闭合花结的果较大。

コスミレ
昭和廿年四月廿五日

臭荠

臭荠。十字花科，臭荠属。一年或二年生匍匐草本植物。通常铺地生，高可达80cm。主茎不明显，多分枝，有柔毛，全株有臭味。叶片一或二回羽状分裂，全缘。总状花序腋生，花小，花瓣白色。短角果扁肾球形，熟时从中央分离但不开裂，花期3月，果期4—5月。

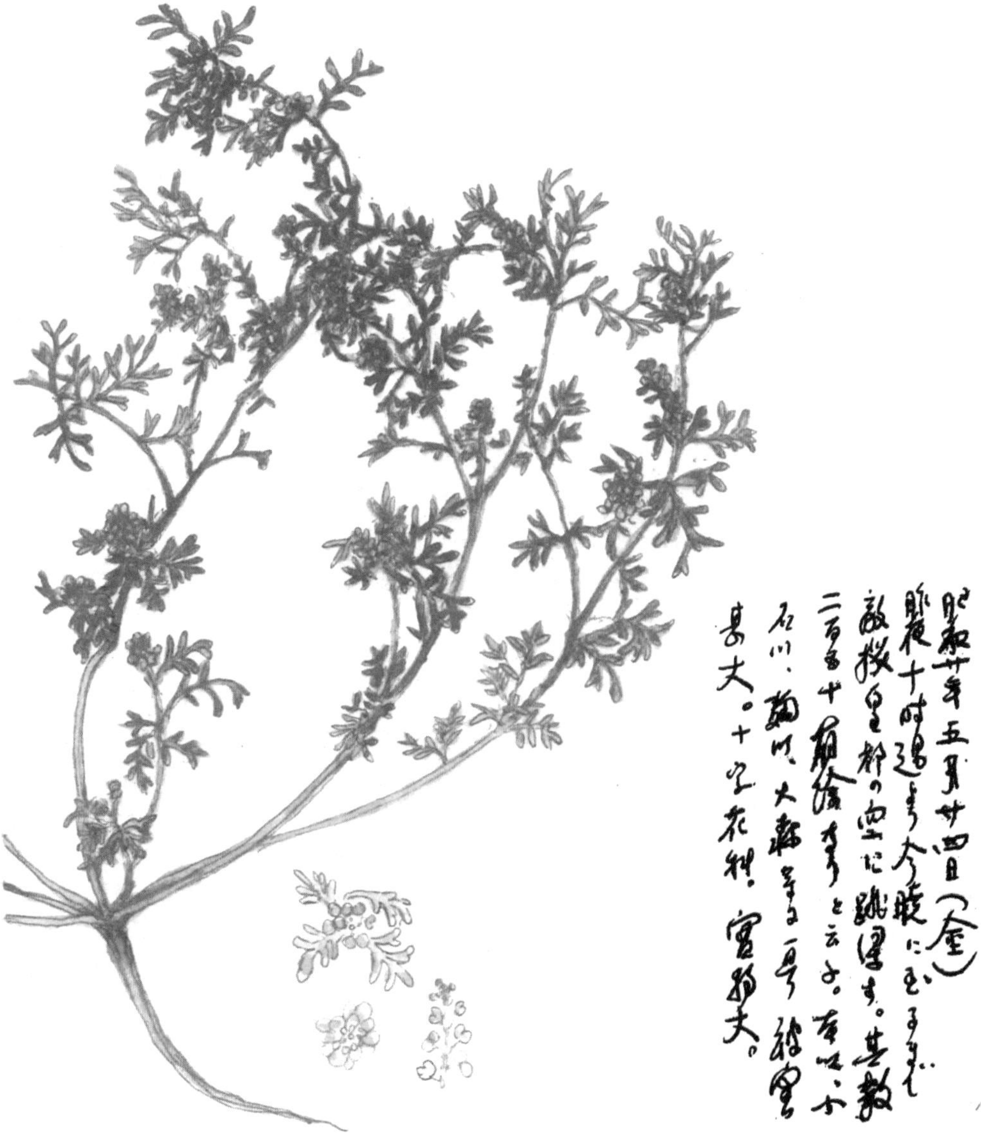
昭和廿年五月廿四日（金）
昨夜十時過より今暁に至るまで
敵機東都の空に跳梁す。其数
二百五十機餘なりと云ふ。本郷、小
石川、麹町、大森等の一部被害
甚大。○十字花科。實物大。

荷花玉兰

荷花玉兰。木兰科，木兰属。又名广玉兰、洋玉兰、泽玉兰、木莲花。常绿乔木，高度可达30m，树冠卵状圆锥形，小枝和芽均有锈色柔毛。叶卵状长椭圆形，厚革质，长10～20cm，表面有光泽，背面有锈色柔毛，边缘微反卷。花一般为白色，花的直径可达20～30cm，花瓣通常为6片，有时达9片，花大如荷花，芳香。花期5—6月，9—10月果熟。种子外皮为红色。

昭和廿年六月六日、胃
痛、療中に之を写す
花径七寸

图书在版编目（CIP）数据

百花谱 / （日）木下杢太郎绘. —长沙：湖南人民出版社，2020.7
ISBN 978-7-5561-2125-0

I. ①百… II. ①木… III. ①花卉—图集 IV. ①S68—64

中国版本图书馆CIP数据核字（2020）第037212号

BAIHUAPU
百花谱

绘　　者　［日］木下杢太郎
出版统筹　张宇霖
监　　制　陈　实
产品经理　姚忠林
责任编辑　李思远　田　野
责任校对　夏文欢
装帧设计　@MIimt_Design

出版发行　湖南人民出版社有限责任公司［http://www.hnppp.com］
地　　址　长沙市营盘东路3号
电　　话　0731-82683357

印　　刷　长沙超峰印刷有限公司
版　　次　2020年7月第1版
　　　　　2020年7月第1次印刷
开　　本　710mm×1000mm　1/16
印　　张　13.25
字　　数　68千字
书　　号　ISBN 978-7-5561-2125-0
定　　价　79.80元

营销电话：0731-82221529　（如发现印装质量问题请与出版社调换）